认识海洋·中国海洋意识教育丛书

●总主编 / 盖广生

海底探秘

青岛出版集团 | 青岛出版社

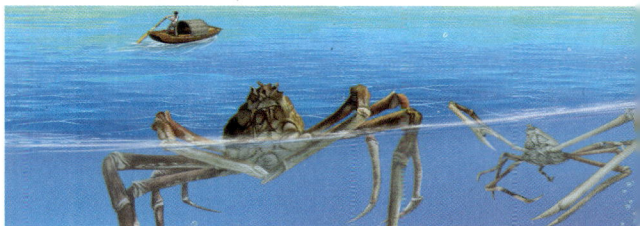

海洋比陆地更宽广，覆盖着 70％ 以上的地球表面积，容纳着地球上最深的地方，见证着沧海桑田的变迁，对地球生态系统的平衡和人类的发展有着不容忽视的影响力。因此，认识海洋、掌握海洋知识显得尤为重要。本套《认识海洋》科普丛书旨在向青少年普及基本的海洋知识，激发青少年对海洋的热爱和探索之情，让青少年树立热爱海洋、保护海洋的意识。

《认识海洋》科普丛书共有 12 个分册，分门别类地对海洋进行了全面、系统的介绍。本丛书通俗易懂、图文并茂，实现了精神食粮和视觉盛宴的完美结合。本丛书内的《回澜·拾贝》栏目则是对知识点的拓展和延伸，在进一步诠释主题、丰富读者知识储备的同时，提升读者的阅读趣味，使读者兴致盎然。

在《海底探秘》一书的指引下，读者将进行一场充满奇幻色彩的海底之旅。深海发光鱼会做你的手电筒，为你打破深海黑暗，带你追踪传说中的巨型海妖；考古学家会做你的向导，为你讲述海底帝国的神秘故事，带你探索充满谜团的海底建筑和价值连城的海底沉船……还有更多的惊喜，等你来探索！

浩瀚的海，壮阔的洋，自由的梦。让我们一起走进美妙的海洋世界，学习海洋知识，感受海洋魅力，珍惜海洋生物，维护海洋生态平衡，用实际行动保护海洋。

CONTENTS 目录

海底世界的样貌

提起海洋，人们很容易联想到波澜壮阔的海面。其实，碧波之下的海底世界同样神奇壮丽。那里既有深邃的峡谷、广阔的平原，也有无垠的高原、巍峨的山脉……在本章中您将漫游海底世界，探秘多样的海底地貌。

海底世界的变迁

　　浩瀚的海洋占据着地球约 71% 的表面积，然而人们对幽深的海底世界却所知甚少。经过探索，科学家们发现了海底世界的各种复杂地形和奇特的地质现象，证明海底世界是历经沧海桑田的变化而形成的，并提出了各种学说，用来解释海底的变迁。

对大洋的探索

　　20 世纪 20 年代，科学家们开始加大探索浩瀚海洋的力度，发现了大西洋底部的海底山脉。随后的全球大洋探索过程中，科学家们又相继在其他各大洋底发现了全球规模的海底山脉。除了海底山脉，科学家们还在大洋边缘发现了深海的海沟和岛弧，为解释地球上的地震、火山活动提供了科学依据。在 20 世纪 50 年代的海洋底部地震探索过程中，科学家们发现大洋地壳与海洋的形成历史有差别。科学家们对此展开了一系列的研究，解释海底世界变迁的学说应运而生。

海平面　岛屿　海岸河口　火山　大洋　大陆架　海底山脉　大陆坡　海沟　海底平原

古老的海洋，年轻的海底

　　在对大洋底部探索的过程中，科学家们发现海底的沉积层平均厚度只有约 500 米，分布也不均衡。若按照海洋的存在历史推算，沉积层的厚度至少要有 1 万米。这种特殊的地质现象说明：现在的海底地壳是在海洋存在后才形成的。

海底扩张学说

1960 年，美国科学家赫斯提出大洋盆地的形成模式，初步形成了"海底扩张"的概念。1961年，美国科学家迪茨在世界著名科学杂志《自然》上发表论文，提出了"海底扩张"的专业术语。1962 年，赫斯发表《大洋盆地的历史》一文，阐述了大洋盆地的形成、大洋底部运动与大陆消长的关系，引发了地球科学的革命。

赫斯

海底如何进行扩张

根据海底扩张学说，大洋中脊是大洋地壳的诞生处。大洋中脊轴部的中央裂谷带会涌出热地幔物质，这些物质涌出后遇到海水冷却凝固，形成新的大洋底。随着积累，新的大洋底会推动先期形成的较老的大洋底向两侧扩展，这样就形成了海底的扩张。世界各大洋的洋壳变化几乎都可以用海底扩张理论解释，但是不同洋底的扩张方式稍有不同。

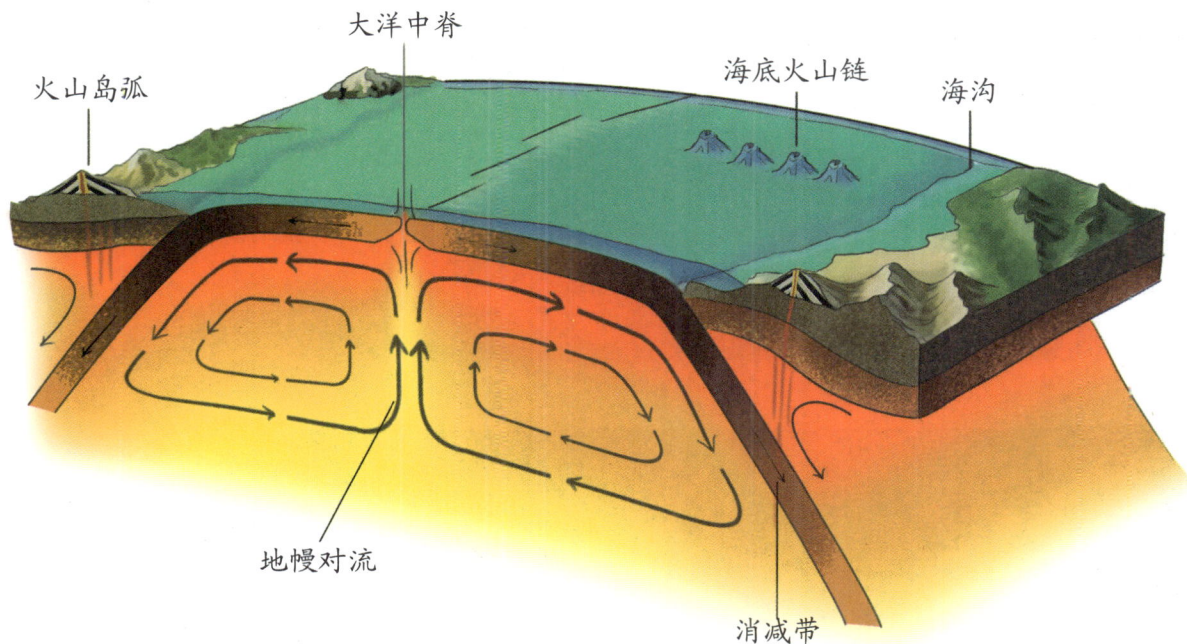

火山岛弧　　大洋中脊　　海底火山链　　海沟

地幔对流

消减带

大西洋的洋底扩张

大西洋的洋底在扩张时，大西洋东侧的欧洲、非洲和西侧的北美洲、南美洲随相邻的洋底向同一方向移动，导致大西洋东西两侧大陆之间的距离逐渐变大。大西洋洋底以每年数厘米的速度向外推移，经过 1 亿 ~2 亿年，就形成目前的宽度。

海底扩张示意图

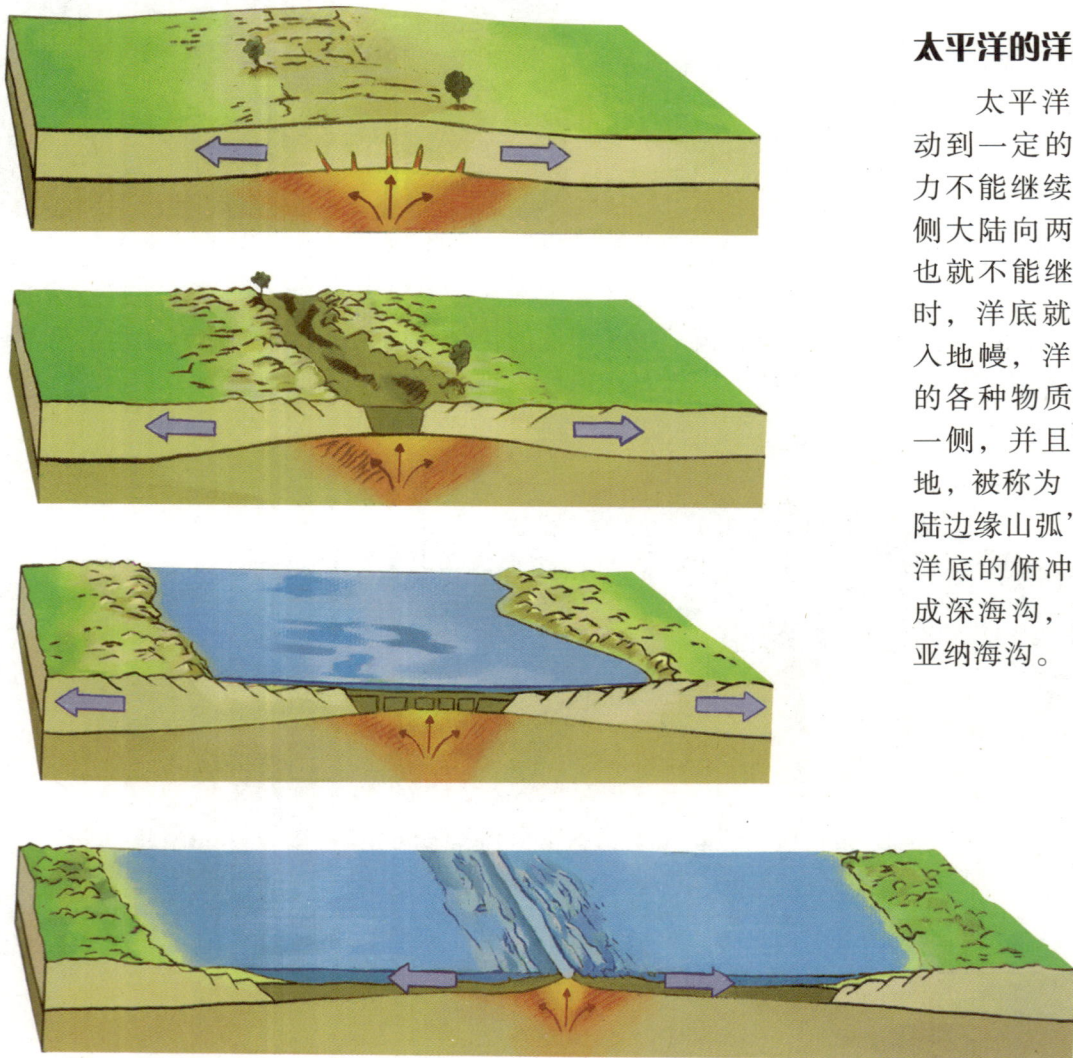

太平洋的洋底扩张

太平洋的洋底扩展移动到一定的程度后，驱动力不能继续推动洋底和两侧大陆向两侧移动，洋底也就不能继续扩张了。这时，洋底就会向下俯冲进入地幔，洋底上原来沉积的各种物质会堆积在大陆一侧，并且形成一系列高地，被称为"岛弧"或"大陆边缘山弧"。与此同时，洋底的俯冲位置处还会形成深海沟，如著名的马里亚纳海沟。

板块构造学说

　　海底扩张学说解释了洋底在水平方向上的运动，而珠穆朗玛峰上发现的古海洋生物化石说明洋底在垂直方向上也存在着变迁。为了更科学地解释大洋的形成和洋底的变迁，威尔逊在 1965 年提出"板块构造"的概念。摩根、麦肯齐等科学家对这一概念加以综合完善，在 1968 年提出板块构造学说。板块构造学说认为：大洋的张开和闭合与大陆的分离和拼合是紧密相连的。

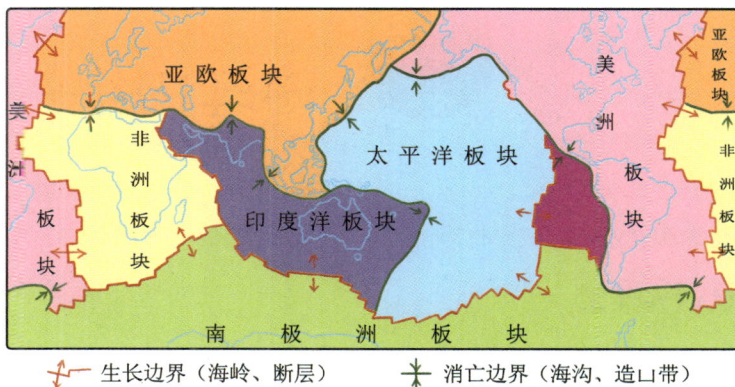

→← 生长边界（海岭、断层）　　⊥⊤ 消亡边界（海沟、造山带）

海陆变迁

　　地球岩石圈裂开形成裂谷，孕育了海洋。裂谷完全裂开，地幔物质上涌冷凝形成新的大洋壳，海水涌来就诞生了一个新的大洋。海洋两侧的大陆持续向两侧推移运动，洋底不断变宽，形成宏伟的大洋中脊和开阔的大洋盆地，这标志着大洋进入成熟期。随后，大洋进入衰退期，洋盆减小至闭合，海水退出，两侧大陆相互碰撞挤压，形成巨大的山脉，如喜马拉雅山脉。

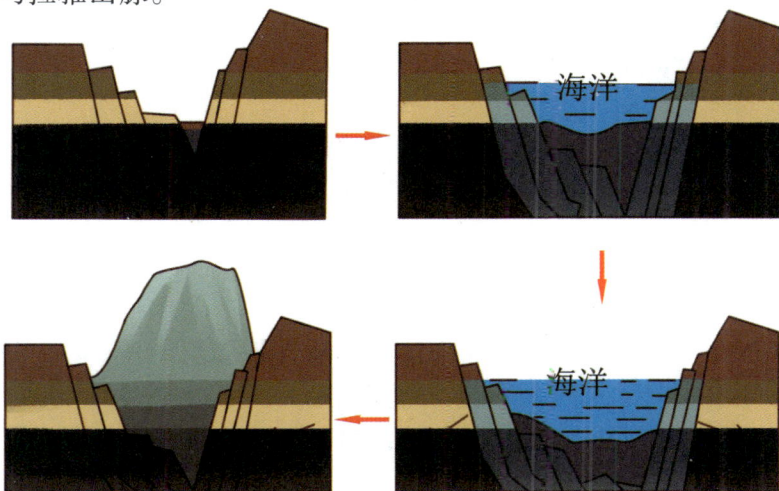

回澜·拾贝

　　海洋变迁周期　大洋底部洋壳产生、运动、潜没的周期一般不会超过 2 亿年，因此通常不存在年龄超过 2 亿年的洋壳。

　　威尔逊　加拿大的著名地质学家，曾长期研究地壳的结构和大陆的形成，对板块构造学说的建立作出了重要的贡献。

　　海洋生物化石　1960 年，中国登山队员在珠穆朗玛峰发现了海洋古生物化石。1975 年，登山队员在珠穆朗玛峰又采集到三叶虫、海百合等海洋古生物化石。这些事例说明喜马拉雅山所处的位置曾是一片海洋。

海洋边缘——大陆架

　　大陆架又称"陆棚""大陆浅滩"，是环绕大陆的浅海地带，也可以被认为是海水所覆盖的大陆。大陆架是资源丰富的海底宝库，蕴藏着储量巨大的石油、煤、天然气、金属矿产和其他海洋资源。

认识大陆架

　　大陆架的范围很广，从海岸线一直延伸到大陆架坡折处。在此范围内的海水深度一般不超过200米，因此也有人将200米等深线作为大陆架的下限。大陆架坡度较小，宽度在数千米至1500千米间。地球上大陆架总面积约为2710万平方千米，约占海洋总面积的7.5%。大陆架通常较为平坦，但也分布着小的丘陵、盆地和沟谷等地形。

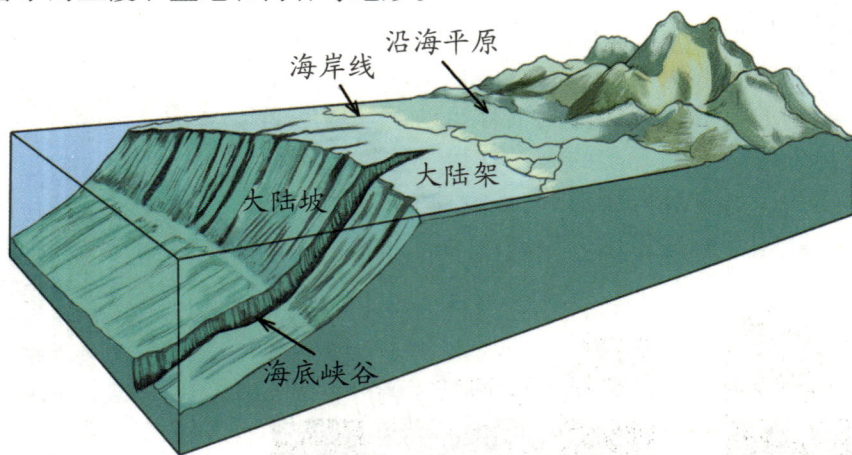

海岸线　沿海平原　大陆架　大陆坡　海底峡谷

大陆坡

　　大陆坡是大陆架与大洋底之间的陡峭斜坡。各大洋大陆坡的宽度从几千米到数百千米不等。全球大陆坡总面积约为2870万平方千米，约占海洋总面积的8%。

探索大陆架的形成

　　大陆架可以被看作是淹没在海水里的大陆。如果把大陆架海域的水抽光就会发现，大陆架的面貌与陆地基本上是一样的。大陆为什么会被海水淹没呢？这与地壳运动和海水冲刷有关。地壳进行升降活动时，会使部分陆地下沉，淹没在水下，形成大陆架；海水长久地冲击和侵蚀海岸，便会形成巨大的平台，平台被海水淹没也能形成大陆架。

永不停息的变化

　　大陆架并非稳定不变，而是随着地球地质的演变进行永不停息的变化。在地球冰盛期，海平面下降130米左右，大陆架高出海平面，形成陆地；冰期结束后，海平面开始上升，大陆架重新被海水淹没，成为海底。在陆地和海洋的交替变化中，大陆架历经沧桑，形成了海岸阶地、水下河谷、水下冰川谷、沙丘谷等地形。

大陆架变化后形成的海岸阶地

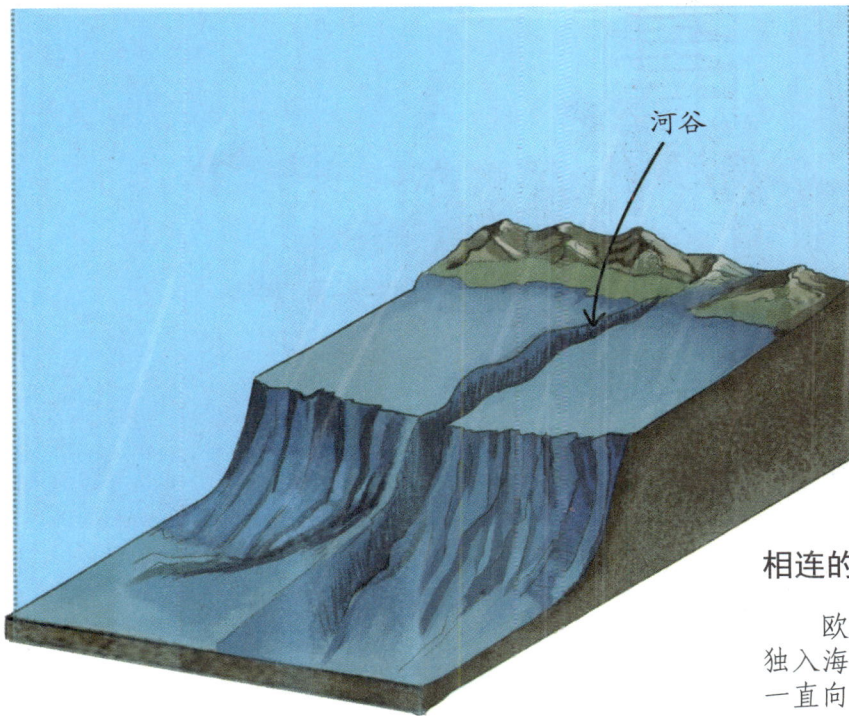

河谷

大陆架上的河谷

　　在大陆架上，分布着很多蜿蜒曲折的水下河谷，如北美的哈得孙水下河谷、东南亚巽他大陆架上的河谷，以及欧洲西北部大陆架上的水下河谷，甚至英吉利海峡本身就是一条通往大洋深处的海底谷地。因为大陆架曾是陆地的一部分，所以水下河谷与陆地河谷的结构差不多。

相连的河谷

　　欧洲的易北河、莱茵河、威悉河是单独入海的，入海后却通过各自海底的河谷一直向北延伸，最后汇集在北海。

7

富饶的海域

　　大陆架临近陆地，享受着陆地江河的馈赠。流入大海的江河径流不仅为大陆架带来陆地上的泥沙，还源源不断地为其运来陆地上的有机物质。来自陆地的营养物质让大陆架成为非常富饶的海域，使这里不仅形成了很多优良的渔场，还储备了丰富的石油和其他矿产资源。目前，人类在大陆架上勘探到的石油储量约占地球石油总储量的1/3。

大陆架主权

　　大陆架具有重要的战略资源价值。1945年美国总统杜鲁门宣布美国对其沿海大陆架拥有主权，其他国家也随之纷纷宣布对大陆架的所有权。为了统一规范，《联合国海洋法公约》对大陆架的主权问题作了明确的解释，规定大陆架上的自然资源主权归沿海国家所有。

东海大陆架

东海大陆架是中国陆地领土向东海的自然延伸，地形与中国大陆东部平原相似，平坦宽阔，坡度变化不到 1°，最宽处在上海东南方向 600 多千米的海域。在其东侧水深 150 ~ 185 米海底附近，海底坡度显著变陡，并且在东南部分水深大幅度增大，形成了水深 2000 多米的冲绳海槽。东海大陆架东南边缘上还分布着中国的钓鱼岛、黄尾屿、赤尾屿等重要岛屿。东海大陆架上资源丰富，不仅有储量惊人的石油资源，还盛产海产品，著名的舟山渔场就在这里。

东海大陆架的演变历史

科学家们在东海大陆架上找到了 1.5 万年前产于河口的牡蛎、蛏子等底栖生物的遗骸，也曾在中国长江口附近的大陆架上发掘出北方原始牛的下颌骨，在男女群岛附近采集到猛犸象的牙齿。这些现象都证明：东海大陆架是中国大陆的一部分，在 1.5 万 ~2 万年前逐渐被海水淹没。

回澜·拾贝

舟山渔场　位于中国东海大陆架海域，面积约为 5.3 万平方千米，是中国最大的渔场。

海洋的脊背——海底山脉

　　沿着大陆架向海洋深处前进，就是海底了。这里有狭长绵延的高地，即海底山脉。海底山脉包括大洋中脊和海岭，在世界各大洋都有分布。世界大洋中脊全长约为6.4万千米，顶部水深大多在2000～3000米，高出海面的部分可形成岛屿。

淘金的意外之喜

　　第一次世界大战后，德国化学家佛里茨·哈勃和队员乘坐"流星"号科学考察船进入大西洋，开展淘金工作。在此过程中，他们惊奇地发现，大西洋中部的某些海域有凸起的高地。佛里茨·哈勃对此展开了细致的科学考察，证明在大西洋的中部有一条上万千米长的巨大海底山脉。这一发现改变了人们对海底世界的认识，让人们对海底山脉有了基本的了解。

连绵的海底山脉

　　人们探索后发现，世界各大洋中都有蜿蜒起伏的海底山脉，这些山脉通常高出两侧海底3000～4000米，彼此连通，构成庞大的海底山脉系统。在大洋中部的海底山脉被称为"中央海岭"，也称"大洋中脊"或"洋中脊"，是世界上最长、最宽的环球性洋中山系，包括大西洋中脊、东太平洋海岭、印度洋中脊等。

大西洋中脊

大西洋中脊从冰岛出发，沿大西洋南北轴线延伸，经克罗泽海台与西南印度洋脊衔接，总体呈 "S" 形，长度约为 1.6 万千米，是目前已知的世界上最长的山脉。大西洋中脊从海底起，一般高 2000 多米，某些部分高出海面，形成冰岛、亚速尔群岛等岛屿。

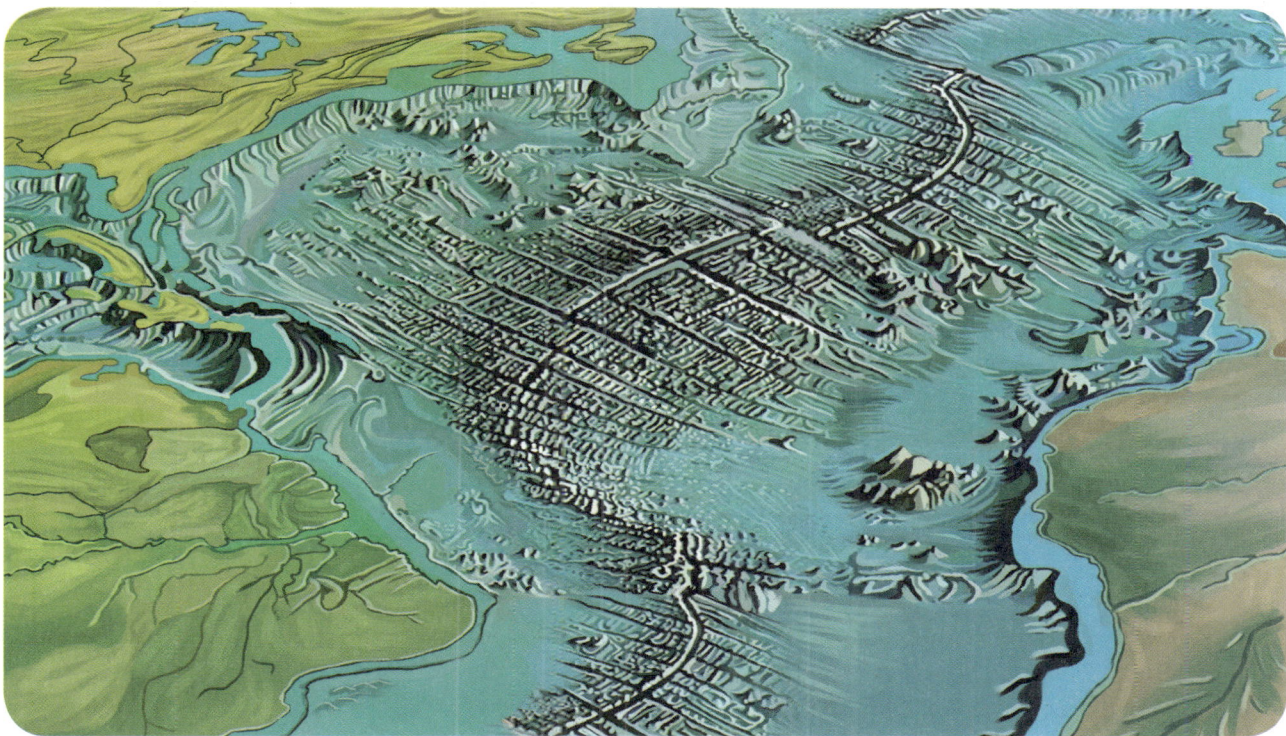

大西洋中脊的裂谷

大西洋中脊在轴部有一条长深谷，宽 80 ~ 120 千米。这条裂缝是大洋底部扩张带：有地壳下的熔岩不断从中涌出。熔岩涌出后流向海脊两侧，冷却成为海脊的一部分。

大西洋中脊的一部分——冰岛

冰岛位于北大西洋和北冰洋交汇处，紧贴北极圈。整个岛屿是一个碗状高地，四周是海岸山脉，中间是高原，总面积为 10 万多平方千米，是欧洲的第二大岛。这里有 1/8 的面积被冰川覆盖，同时分布着 100 多座火山，有世界上最多的温泉，因此也被人们称为 "冰火之国"。不仅如此，冰岛还有世界著名的国家公园、冰川、蓝湖等风景区，吸引着世界各地的游客前去游览观赏。

东太平洋海岭

东太平洋海岭也称"东太平洋海隆"，是位于太平洋东部海底的一条巨大的海底山脉。它一直延伸到太平洋西南部，并且在靠近南极洲的位置与印度洋中脊相连，然后又向东北方向一直延伸到加利福尼亚湾。这条海岭两坡平缓，高出洋底 2000～3000 米，宽达数千千米，侧翼上有很多火山。

扩张的海岭

东太平洋海岭在加利福尼亚湾处，其海底以每年 6 厘米的速度扩张，比大西洋中脊的扩张值还要大。

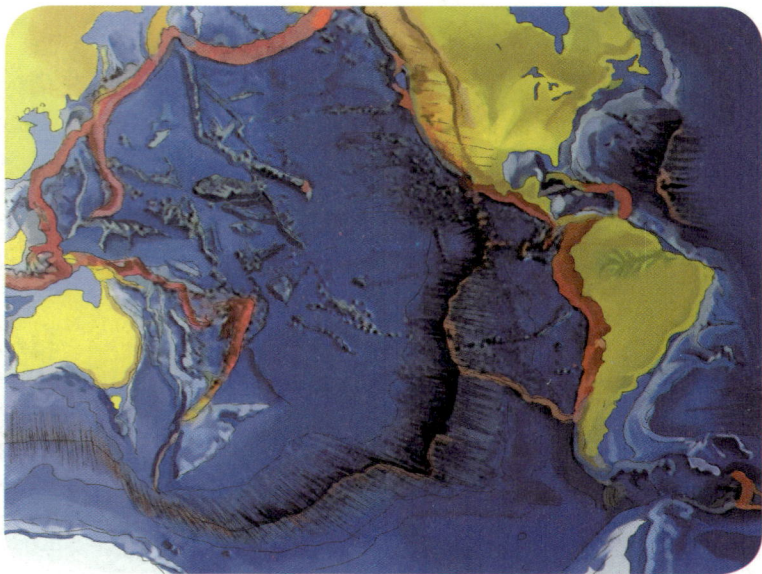

印度洋中脊

印度洋中脊位于印度洋中部，由 3 支洋脊构成。其西南分支在印度洋西部绕过非洲大陆与大西洋中脊相接；东南分支经东南部进入太平洋与东太平洋海岭相连；向北延伸的分支一直进入亚丁湾，与红海断裂和东非大裂谷相连。因为 3 支洋脊在印度洋中部交会在一起，所以印度洋中脊总体像平躺的巨大"Y"形。

大洋中脊的特征

中央裂谷和横向断裂是大洋中脊最为突出的特征。中央裂谷沿大洋中脊轴部纵向延伸，深1000～2000米，将大洋中脊纵向切开。横向断裂则是大洋中脊的另一类"伤痕"，与中央裂谷基本垂直，使大洋中脊在构造上间断分离。中央裂谷和横向断裂纵横交错，形成了大洋中脊表面起伏不平、岭谷相间的复杂地形。

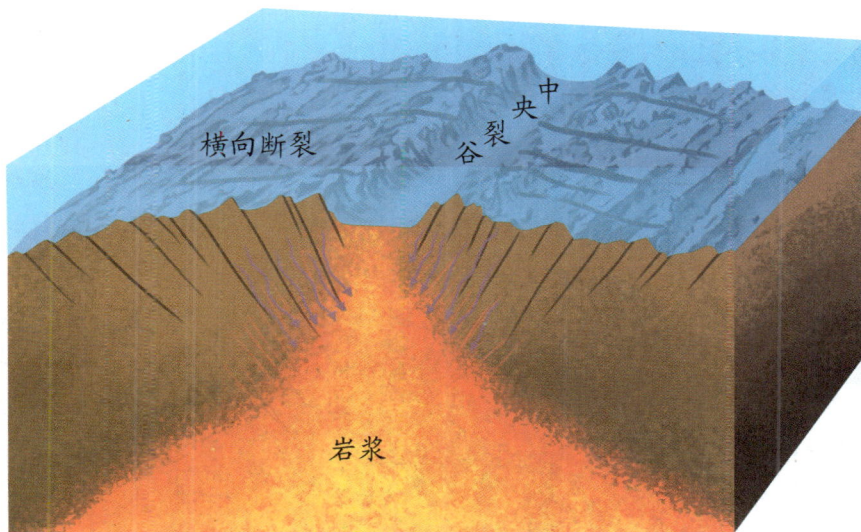

大洋中脊的火山地震活动

大洋中脊轴部地带火山和地震活动频繁，中央裂谷则成为地震的主要分布地带。但是，发生在这里的地震活动并不强烈，一般震源浅、震级小，释放的能量约占全球地震释放总能量的5%；海底的火山活动通常不会出现像陆地上火山喷发的壮观景象，只是有岩浆沿着裂缝向外缓慢溢流。从裂缝地带涌出的岩浆冷却后成为大洋中脊的一部分，逐渐演变成为新生的洋壳。

13

深入探索海底山脉

人类虽然了解了海底山脉的分布，但对海底山脉的生物种群、自然资源等还所知甚少。在美国国家海洋和大气管理局的支持下，科学家们展开了"海洋山脉探索计划"，标志着人类对海底世界的探索又迈出了新的一步。

科学家们使用载人潜艇及潜水机器人照相机技术，对阿拉斯加海岸外及新英格兰海岸外的海底世界进行深入探索，发现了大量的生物，包括鲨鱼、章鱼、珊瑚以及很多未知生物。根据科学家们的介绍，海底山脉附近浮游生物数量庞大，吸引了大量海洋动物，为海洋哺乳动物、鲨鱼、金枪鱼等提供了丰富的食物，形成了较为完善的生物圈。

回澜·拾贝

大西洋中脊的发现 1872 年，在"挑战者"号科考船对大西洋进行考察期间，英国科学家汤姆生带领团队研究跨大西洋电报电缆的位置时，发现大西洋中央的海底高于其他部分，进而确认了大西洋中脊的存在。

世界大洋立体地貌图 1967—1969 年，美国拉蒙特海洋研究所的科学家汇总了世界洋底的地貌资料，绘制了世界大洋立体地貌图，让人们能够更加形象地了解海底地貌。

地貌复杂的大洋盆地

　　大洋盆地是海洋底部的主体部分，位于大洋中脊与大陆边缘之间，一侧与大洋中脊相接，另一侧与大陆隆或海沟相邻，约占海洋底部总面积的 45%。大洋盆地地貌复杂多样，包括海槽、深海平原、深海丘陵等地形。

海槽

　　海槽是大洋盆地底部的长条形凹地，边坡较陡，底部平坦。海槽地貌复杂，孕育着海山、海丘、海山脊等不同地形构造。冲绳海槽是比较具有代表性的海槽，位于东海大陆架边缘，琉球群岛和钓鱼岛之间，曾是中国和琉球王国的分界线。冲绳海槽大部分深度在千米以上，水深自东北向西南增大，在久米岛海底平原中心深度超过 2000 米。

中国在冲绳海槽的科学考察

　　2014 年，中国装备先进的海洋科学考察船"科学"号前往冲绳海槽进行深海海洋环境和生态系统的科学考察。中国考察队虽然在考察过程中受到日本海上保安厅的限制，但仍然成功完成了这次科学考察，获取了热液喷口及附近海域的上千份大型海洋生物样品，采集到数量可观的硫化物、沉积物等地质样品，为中国的深海科学研究提供了重要的资料。

广阔的深海平原

深海平原是大洋深处平缓的海床，是世界上既平坦又少被开发的地区。深海平原广泛分布在世界各大洋底部，约占海洋底部总面积的 40%。在大西洋底部分布着数量最多的深海平原。这是因为大西洋的陆源沉积物非常丰富，利于形成深海平原。深海平原蕴藏着丰富的铁、铜等金属矿产资源，是人类的矿产资源库。

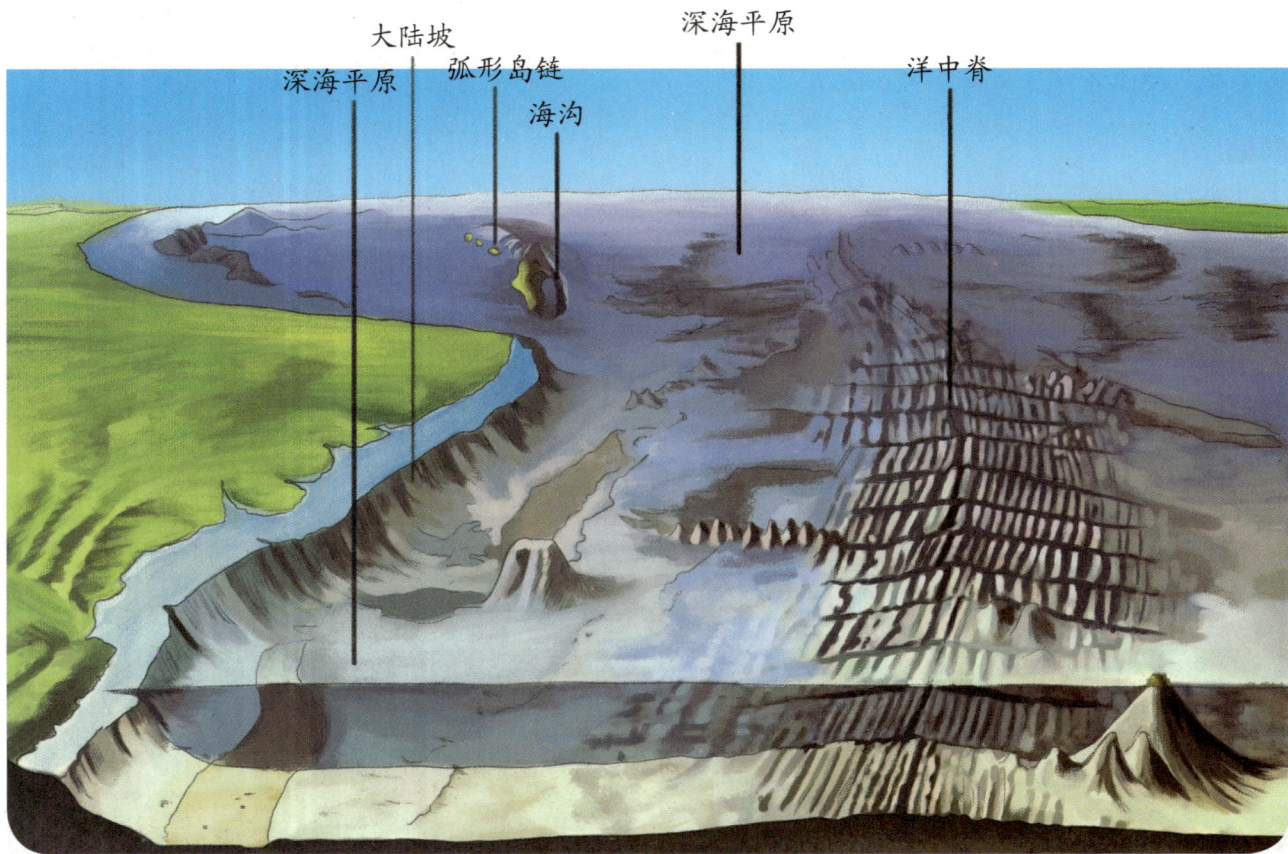

南海深海平原

南海深海平原地处中国南海海底中部，北部水深 3000 米以上，南部水深超过 4000 米。南海平原上分布着大量的海山、海丘，其中相对高差千米以上的高大海山就有 18 座。这些海山和海丘的排列方向受南海板块构造运动控制，因此排列方向具有一定的特点，分为北东向、东西向、南北向、北西向等几种排列方向。

深海丘陵

深海丘陵是大洋盆地中的低缓圆丘形的地貌形态，广泛分布于大洋盆地中，以太平洋底部分布最多。深海丘陵底部宽大，可达几千米。宽阔的底部使其能够在海底形成孤立突出的高地，且整体高度比周围的深海平原高出约 1000 米。科学家们尝试了解深海丘陵的更多秘密，但由于深海丘陵覆盖着厚厚的沉积盖层，获取基岩样品的工作很困难，尚需进一步的探索。

奇异的深海生物

大洋盆地不仅地形奇特多变，还生活着很多奇异的生物。科学家们在大西洋海底发现了一种触角八足类动物，还发现了一些仿佛外星生物般的小精灵，它们全身透明，悠然地游来游去。在墨西哥湾海底，科学家拍摄到一种靠触角游动且全身透明的海参。更让科学家们惊讶的是，他们在新西兰海底发现了新的甲壳类生物。这类甲壳生物属于片脚类，体长约为普通片脚类生物的 10 倍，因此被科学家们称为"超级大个子"。

回澜·拾贝

环南极洲的深海平原　　恩德比深海平原、列林斯高晋深海平原、威德尔深海平原和南印度洋平原是环绕南极洲的主要深海平原。

日本南海海槽　　位于太平洋板块和亚欧板块交接处，该地区为地震多发区，并且可能会因持续的联动性地震引发超强地震。

神奇的海底喷泉

在深海底部会出现热气腾腾、烟雾缭绕的神奇景象，这是海底喷泉的功劳。海底喷泉也被称为"海底热泉"，会喷出烟囱一样的热水柱，喷发原理和火山喷发的原理类似。在海底喷泉的附近生存着多种生物，它们对科学家研究地球生命进化有着重要的作用。

太平洋洋底的科学考察

在太平洋一望无际的洋面上，有一个火山众多的群岛，就是加拉帕戈斯群岛。群岛上分布着2000多个火山口，一座座火山堆不时发出轰鸣声，引起了科学家们的注意。1977年，美国"阿尔文"号深潜器再次进入太平洋，对其东部洋底进行考察。经过考察，科学家们发现，加拉帕戈斯群岛正位于东太平洋洋隆的中央裂谷附近。这里不断向上喷涌岩浆，构成了一座座火山，形成了壮观的海底热泉。这些海底热泉不断向外涌出热液，在热液喷口处形成几米甚至几十米高的羽毛状的柱子，像烟囱一样，所以科学家们称之为"海底烟囱"。

加拉帕戈斯群岛

加拉帕戈斯群岛也被称为"科隆群岛"，位于南美大陆以西的太平洋上，由13个小岛和19个岩礁组成。岛上自然条件特殊，生活着多种动植物，被称为"生物进化活博物馆"，是世界著名的自然遗产。

黑烟囱和白烟囱

科学家们发现，海底烟囱喷发的烟的颜色大不相同，有的呈黑色，有的呈白色，还有的像雾一样清淡。这与海水的温度和海水内所含的矿物成分有关。当海水温度为 100℃ ~ 300℃时，海水里会聚集大量颜色比较浅的硫酸盐矿物和二氧化硅等物质，于是就形成了白色烟囱；当海水温度为 300℃ ~ 400℃时，海水里的暗色硫化物矿物聚集，就形成了黑烟囱。

价值无限的海底热泉

随着探索的深入，人们发现，海底热泉其实是一个价值无限的宝库。热泉喷出的物质含有大量硫黄铁矿、黄铁矿和其他金属硫化物，烟囱内壁是黄铜矿和黄铁矿，烟囱外壁是石膏、硬石膏、硫酸镁，烟囱最外层富含重晶石、非晶质二氧化硅等。除了这些，在烟囱底部，还散落着闪锌矿、硫黄铁矿、黄铁矿、铅锌矿和硫等沉淀物。这些沉淀物形成热液矿床，被开采利用后，可以为人类带来非常高的经济价值。

热泉周围的神奇生物

　　海底热泉所处的海底环境中缺乏氧气，温度多变，含有大量有毒物质，但是在热泉的喷口处仍然生活着许多不常见的生物，如巨大的红蛤、海蟹、虾，还有形状奇怪的水螅等。此外，在热泉区外荒芜的深海海底，还生存着蠕虫、海星及海葵等生物。

加勒比海海底的虾

　　加勒比海区是世界上水深较深的海底热泉区之一，在海底热泉附近的岩石上生活着深海虾类。这种虾没有视觉，却有着灵敏的热感受器，能够对生存环境的温度及时作出反应。不仅如此，这些虾与细菌共生，还会摄食少量高浓度硫化氢维持生长。科学家还观察到，这种虾还存在着同类相食的现象。

热泉生物的价值

深海的热泉生物处于高压、高温、无光、有毒的极端环境中，以特殊的适应机制和组织结构维持生长繁殖，具备了耐盐性、耐温性、耐压性等特殊功能。对这些功能加以研究利用，可以为工业、医药、环保领域创造出可观的效益。以环境保护为例，深海热泉生物能够将海底的有害物质分解并加以利用，因此能够清理重金属、石油等污染物。人们可利用深海热泉生物的这一特性处理身边的石油、农药等污染，保护环境。

热泉生物的待解谜团

深海热泉生物以热泉为栖息地，每个热泉的生物都会形成一个稳定的生态系统，基本不与其他生态系统的生物来往，这样很容易形成"地理隔离"，所以理论上不同的热泉周围应该存在不同种类的生物。但是，让科学家们困惑的是，目前所发现的深海热泉生物群落虽彼此分离，但都是非常相似的。另外，热泉生物的蛋白质在高温条件下为何不变性也是一个值得探讨的问题。除了这些，还有更多待解谜团吸引着科学家们不断对深海热泉生物展开深入探索。

回澜·拾贝

热泉的发现者 1979 年，美国科学家比肖夫博士在太平洋开展科学考察期间，第一次发现了海底的"烟囱"。

热泉的分布区 海底热泉主要分布在地壳张裂或薄弱的地方，如大洋中脊的裂谷、海底断裂带和海底火山附近。

制造能量的细菌 热泉附近的海水里硫化氢的浓度很大，生存着大量细菌。细菌可使硫化氢与氧发生化学反应，其生成物为深海热泉生物提供了能量和有机物。

海底平顶山

海底不仅有连绵起伏的庞大山脉，还有孤立分布的高地，这就是海底平顶山。海底平顶山多分布在太平洋海域。这些山底部宽大，向上逐渐减小，远远看起来像矗立在海底的平顶圆锥。

太平洋中的平顶山

在各大洋中，太平洋里分布着最多的平顶山，目前已探索到的有 150 多座。这些平顶山中，距离海面最远的位于阿留申海沟附近，那里的海底平顶山离海面约 2700 米；马绍尔群岛附近海域也分布着平顶山，离海面 1200 ～ 2200 米；太平洋中部也有一定规模的海底平顶山，距离海面为 1500 米左右；距离海面最近的平顶山则位于阿拉斯加附近，那里的平顶山离海面只有400 ～ 500 米。

鱼类乐园

渔民在远洋捕捞时发现一个奇妙的规律：在海底分布着平顶山的海区，通常可以捕捞到大量的鱼类。这与平顶山的构造和洋流流动有关。海流经过高耸在海底的平顶山时会形成一股很强烈的涌升流，海底的大量有机物质随着上升流上升，因此会吸引成群结队的鱼前来觅食，使平顶山所在海区成为鱼类的乐园。

回澜·拾贝

平顶山的发现者　第二次世界大战期间，美国科学家赫斯利用回声测深仪在太平洋海底发现了数量众多的海底平顶山。

平顶山的命名　海底平顶山又称"盖奥特"，据说这一命名源于美国普林斯顿大学的"盖奥特"地质大楼。因为这一大楼顶部为平顶，美国科学家赫斯便以此命名海底平顶山。

PART 2

神秘的深海生物

    深海漆黑寒冷，海水压力大，但那里同样热闹非凡：大王乌贼舞动着修长的腕在寻找猎物；鮟鱇在海底摆动着发光器诱惑猎物；蝰鱼悠闲地游来游去，炫耀自己的华美外衣……还有长吻银鲛、小飞象章鱼、火体虫等奇特的生物，它们装扮着海底世界，让深海更加神奇。

不被阳光眷顾的地带——深海

深海是指水深超过1000米的海域，阳光无法照射到，因此总是漆黑一片。那里温度很低，海水压力大，曾被人类看作生命的禁区。后来，随着科技的发展，人类才发现深海里的生物群落，并且对其展开探索。

海洋里的光照

太阳光线能够照亮大地，是因为日光在空气中的穿透能力很强。但是，在海洋里，日光的穿透能力则很弱，日光进入海水后强度会迅速衰减。所以，只有上层海水才能享受充足的光照，上层海水中的植物才能够充分进行光合作用。随着海水深度增加，日光强度减弱，到某一深度植物光合作用产生的有机物仅能维持自身呼吸作用的消耗。如果深度继续增加，光照逐渐衰减至无光照状态，海洋空间就会变成漆黑一片。

海洋光照深度

海洋光照深度与海域所在地区的纬度、季节、海水浑浊度等因素有关。在透明度很大的海区，光照深度会大大增加。马尾藻海透明度约为 66.5 米，个别海区最大透明度达 72 米，因此在水深 1000 米处仍能感受到太阳光照。

寒冷的深海

随着海水深度的增加，光照逐渐减少，海洋吸收的热量也相应减少，海水温度就会逐渐降低。据推算，海水深度每增加 1000 米，海水温度就会相应下降 1℃ ~ 2℃。1000 米深度处海水温度为 4℃ ~ 5℃，2000 米处为 2℃ ~ 3℃，在 3000 米以下海水温度比较稳定，为 1℃ ~ 2℃，有的地方甚至会降到 0℃ 以下。由于海水盐度很大，因此深海区通常不会在低温环境中结冰。

高压海区

海水的压力与海水深度有关。海水深度每增加约 10 米，海水压力就增加一个大气压。深海区深度可超过千米，其海水压力会增加到约 100 个大气压。马里亚纳海沟的最大深度约为 11000 米，海水的压力几乎可以达到 1100 个大气压，可以轻松将坚硬的钢铁压缩。

深海居民

　　1860年，人们在地中海海底电缆上发现了单体珊瑚。这一发现使人们意识到漆黑的深海也有生物存在。随后，人们对深海生物展开了探索，发现了一些居住在深海的生物，包括深海鱼类、软体动物、海葵类等。这些深海的生物通常个体很小，喜欢聚集在海底，大部分以有机碎屑为食，只有少量是纯肉食性动物。为了适应深海环境，深海生物进化出一系列适应性特征。例如：它们的视觉出现两极分化，有的视觉非常发达，可以在微弱光线下看清猎物；有的视觉则完全退化。它们还进化出有力的摄食器官，有的有巨大的口部，有的有长长的牙。某些深海生物还进化出发光器，用以引诱猎物和吸引异性。

奇特的深海鱼类

　　深海鱼类多种多样，为了适应漆黑寒冷的深海环境，进化出了一些普遍的特征。它们通常外形怪异，有突出的大眼睛，长着大大的口部，嘴里还有锋利的牙齿，身体某些部分还可以发光，如吞噬鳗、桶眼鱼、蝰鱼等。此外，深海还生活着凶猛的深海龙鱼、神秘的皇带鱼等。

深海的怪物

除了深海鱼类，深海区还生活着很多让人恐惧的生物，如传说中的深海巨妖、体形巨大的大王酸浆鱿等。它们神秘莫测，经常被人们看作深海的怪物。不仅如此，深海还生存着一些奇特小海怪，如冰海精灵、没有视觉的多毛怪、价值连城的珊瑚等。这些深海生物向人类展现了深海的绚丽和神秘，吸引着人们不断对深海展开探索。

回澜·拾贝

深海生物减压妙招　为了适应深海巨大的压力，深海生物的身体进化出特殊的结构：使海水可以渗透到细胞中，以保持体内压力和海水压力平衡。

氧含量特点　通常来说，在 500～1000 米水深处海水含氧量最低，其他水层含氧量较高。

伞嘴吞噬者——吞噬鳗

　　吞噬鳗又称"宽咽鱼"，是一种较少见的深海鱼，体长大约为1.8米，嘴巴很大，身体像蛇一样细长而柔软，是大洋深处样貌奇怪的生物。

深海栖息

　　吞噬鳗的分布具有世界性，各大洋中都可以看到它们的身影。在大洋中，吞噬鳗通常栖息在深度约为1500米的深海区。也有资料说，它们可以在3000米甚至更深的海底生存。通常情况下，人们很少见到这种鱼的踪影。渔民在深海捕鱼时偶尔会用拖网捕捉到吞噬鳗。

小眼睛

　　吞噬鳗栖息的深海几乎没有阳光，非常黑暗，视觉对吞噬鳗并不重要，因此它们的眼睛变得非常小。

大嘴巴

　　吞噬鳗的一个奇特之处在于它们的嘴巴。吞噬鳗没有可以活动的上颌，但下颌较大并且松松垮垮地连在头部，整个嘴可以像伞一样张开，因此它们也被称作"伞嘴吞噬者"。巨大的嘴巴成为吞噬鳗捕食的有力武器。当发现猎物时，吞噬鳗会张开伞一样的嘴巴，能轻松地吞下比它们自身还大的猎物。

发光的长尾巴

吞噬鳗的尾巴又细又长，奇特之处在于尾巴尖有发光器，可以发出红光。这样神奇的尾巴成为吞噬鳗捕食的好助手。吞噬鳗捕食的时候喜欢绕圈游动，同时用尾部的红光引诱猎物。当猎物被引诱过来后，它们就会用长长的尾巴将猎物缠住，然后大饱口福。

成长变化

吞噬鳗在成长过程中会不断改变生存环境和体形特征。幼年的吞噬鳗生活在 100 ~ 200 米深的光合作用带，成年后则游向深海。雄性吞噬鳗在成长过程中身体会发生显著变化，成年后嗅觉器官变大，牙齿和下颌退化，但雌性吞噬鳗基本上不会发生变化。

回澜·拾贝

食物　虽然吞噬鳗嘴巴很大，但它们吞食大动物的时候比较少，主要的食物是缓慢游动的小鱼、小虾等。

运动方式　吞噬鳗鱼鳍并不发达，一般靠尾部的摆动进行运动。

鹈鹕鳗　吞噬鳗的下颌长有一个肉囊，可以用来存放吞下的猎物，类似于鹈鹕储存食物的肉囊，因此吞噬鳗也被人们称为"鹈鹕鳗"。

深海巨妖 —— 大王乌贼

大王乌贼又称"统治者乌贼"，身体大约有 20 米长，是世界第二大无脊椎动物，大多数时间栖息在深海，偶尔会在晚上游到浅海觅食。试想一下，这个大家伙如果出现在海面上，一定会被认为是海怪出现了吧！

"巨妖"传说

在许多国家的航海记录或神话传说中，曾经描述过可怕的"深海巨妖"。根据传说，"巨妖"住在幽暗的深海之中，有着庞大的身躯、八九个头、数不清的触角，浮上水面的时候就像一座浮动的小岛。它的触角可以轻松地掀翻一艘大船。其实，这个"深海巨妖"应该就是大王乌贼。

怪物见闻

1861 年，法国军舰"阿力顿"号在从西班牙的加地斯开往腾纳立夫岛途中，在大海上遇到一只巨大的怪物。这只怪物长约 5 米，长着 2 米多长的触手。人们试图捕获它，但被它弄断渔叉后成功逃脱。

猎食"武器"

大王乌贼的主要武器是粗长的触腕。这些触腕的长度约是它们身体长度的 4 倍。触腕上面长满直径为 8 厘米左右的圆形吸盘，吸盘边缘有一圈小型锯齿。猎物一旦被触腕紧紧缠住，便无法轻易挣脱，最后会沦为大王乌贼口中的美味。

巨兽大战

大王乌贼不但体形巨大，而且性情凶猛，敢与巨鲸搏斗。据资料显示，大王乌贼与抹香鲸战斗时，会用强有力的触腕和吸盘将抹香鲸紧紧地缠住。抹香鲸则会紧紧地咬住大王乌贼的尾部。它们互不退让，在大海里掀起惊涛骇浪，最后沉入海底。据传，曾经出现过大王乌贼用触腕将鲸的排气孔堵住而使鲸窒息的情况。

变色技能

大王乌贼身体表面具有色素细胞，其中背部的色素细胞最为发达，内脏表面也有暗红色的色素沉淀。当遇到凶猛的敌人时，其体表的色素细胞就会膨胀或收缩，迅速改变体表颜色，从而让自己巧妙地隐藏在周围环境中，躲过敌人的攻击。

回澜·拾贝

大眼睛 大王乌贼的眼睛非常大，像脸盆一样。大王乌贼视力很好。即使在漆黑的深海中，大王乌贼也能轻易发现猎物。

求偶 当看到"意中人"后，雄性乌贼会跳起"圆圈舞"吸引雌性乌贼。

拍摄记录 2014年，日本生物学家与美国探索频道及日本放送协会电视台经过上千次出航、数百小时的潜水探索，在 600 多米深的深海拍摄到了体形巨大的乌贼。

深海掠食者——大王酸浆鱿

大王酸浆鱿又名"巨枪乌贼"，是已知的世界上最大的无脊椎动物。它们主要生活在南极海域的深海之中，偶尔向北到南非外海活动。在无脊椎动物里，大王酸浆鱿是比大王乌贼更大、更凶猛的掠食者。

体形大，脑袋小

大王酸浆鱿体形庞大，身长为 12 ~ 20 米，有的在 20 米以上。大王酸浆鱿长着巨大的圆鳍和巨大的眼睛，但大脑却格外小，只有约 30 克重，相当于人类大脑的 1/70。更令人匪夷所思的是，大王酸浆鱿的食道是从大脑中间穿过的。大王酸浆鱿如果吞食较大的食物就会伤害大脑，所以它们主要吃一些小型的食物。

神奇的眼睛

大王酸浆鱿的眼睛长有发光器，能够自己发光。在这种"自然照明器"的帮助下，大王酸浆鱿能够轻松地在漆黑的深海里寻找猎物。不仅如此，大王酸浆鱿的眼睛还能敏锐地觉察到其他生物发出的微光，从而确定这些生物的位置。大王酸浆鱿还善于通过分辨发光微生物的流动情况，判断周围是否有敌人，从而巧妙地躲避天敌。

独特的钩爪

大王酸浆鱿有 8 条腕和两条触手。大王酸浆鱿的腕非常独特，没有吸盘，而是长满长约 5 厘米的钩爪。腕上的这些钩爪可以 360°旋转，从而可以轻松抓住从身边经过的猎物。此外，在遇到危险时，大王酸浆鱿也会用钩爪与天敌勇猛对抗，保护自己。

凶猛的掠食者

大王酸浆鱿不仅有着巨大的体形、神奇的眼睛、锋利的钩爪，而且有另一个强力武器——巨大的"鸟喙"。据说大王酸浆鱿的"鸟喙"是乌贼家族里最大的"鸟喙"，可以轻松咬碎骨头。有了这些武器，大王酸浆鱿在海底世界几乎横行无阻，大部分深海生物会成为它们的美餐。它们在深海里唯一的天敌就是体形巨大的抹香鲸。

回澜·拾贝

耳石　大王酸浆鱿的耳朵里有很小的耳石，用于辨别方向。耳石上面有圆圈，类似树木的年轮，一圈代表一天。

酸浆　大王酸浆鱿的体形很像一种叫作"酸浆"的植物，因而得名。

海中吸血鬼——幽灵蛸

幽灵蛸又被称为"吸血鬼乌贼"，是一种身体像胶冻一样的海洋生物。幽灵蛸造型奇特，体表呈深红或紫红色，长着像耳朵一样的大鳍，眼睛较大且呈蓝色，触手上长满尖刺，就像深海里吸血的怪物。

奇特的触手

幽灵蛸的触手上长着尖牙一样的"钉子"，因此在英文中被称作"吸血鬼鱿鱼"。长着"钉子"的触手是幽灵蛸的保护伞。遇到危险时，幽灵蛸会把触手翻起来盖在身上，形成一件"钉子盔甲"，让敌人无从下口。此外，幽灵蛸都有一对可以自由延伸的触手，和其他稍短的触手共同合作，成为捕猎的武器。

神奇的发光器

幽灵蛸全身布满发光器，它们可以随心所欲地控制"开关"把自己点亮或熄灭。幽灵蛸会利用光来引诱猎物，但同时也会吸引到凶猛的捕食者。当感知到危险后，幽灵蛸就会把发光器官逐渐缩小。停止发光的幽灵蛸与漆黑的深海融为一体，从而逃过敌人的攻击。

不怕缺氧

　　幽灵蛸生活在千米以下的深海之中，那里普遍缺氧，一般生物根本无法生存。但是，幽灵蛸却一点儿也不怕。每只幽灵蛸都有一条又细又长的卷丝，那是它的探测器。幽灵蛸可以在静止时通过探测器在海中探测食物。这样一来，它们的运动耗氧量就减少了。另外，幽灵蛸体内能储存一定的氧气，可以让它们适应缺氧的深海环境。

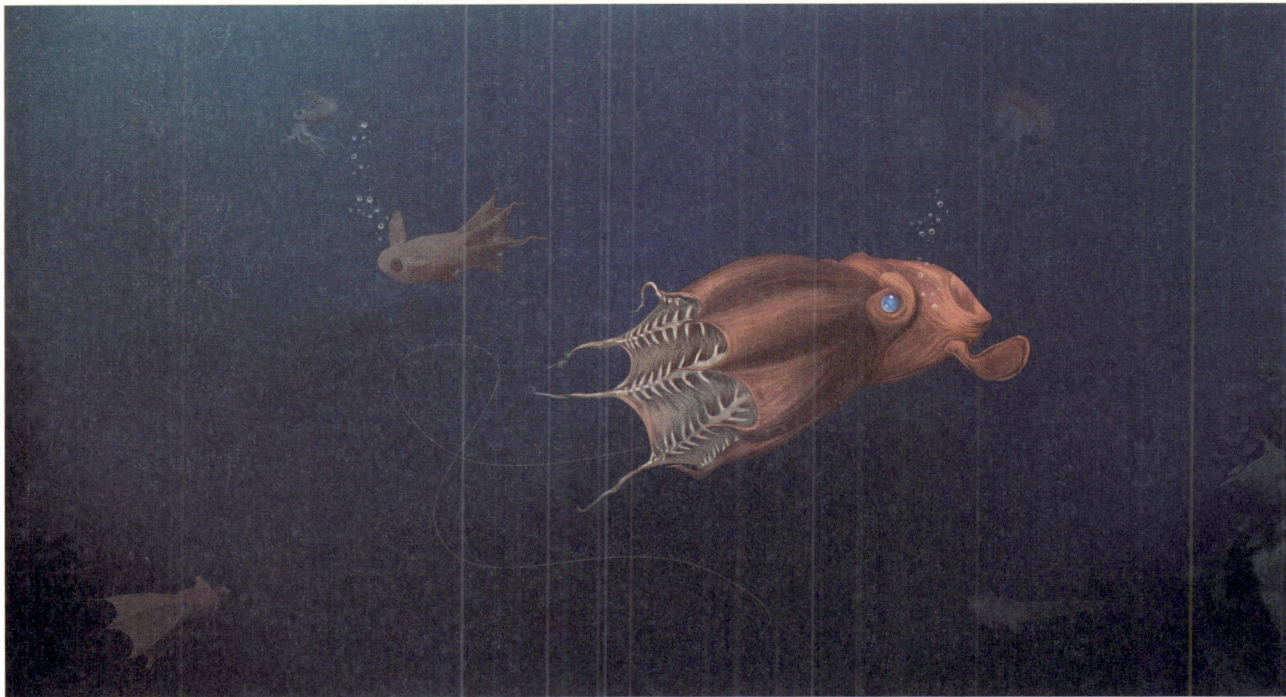

"吸血鬼"不吸血

　　幽灵蛸被称作"吸血鬼"完全是因为外形特征。事实上，幽灵蛸不仅不吸血，还被认为是海洋中的垃圾处理机。它们借助又长又细的卷丝来捕获水中的海洋碎屑作为食物，其中包括死去的甲壳动物的眼睛和腿及幼虫的粪便。

回澜·拾贝

　　无墨囊　幽灵蛸没有墨囊，这是它们与其他种类的乌贼、鱿鱼、章鱼的明显区别。

　　速度快　幽灵蛸游泳速度非常快，最快时每秒可游动两个身长的距离。

　　大眼睛　一条体长只有15厘米左右的幽灵蛸，眼睛却像小朋友们玩耍的玻璃弹珠那么大。

会发光的章鱼——小飞象章鱼

海洋生物学家在考察大西洋中脊时捕获了一种奇特的章鱼。这种章鱼外形与迪士尼卡通片中的小飞象十分相似，因而人们将其称为"小飞象章鱼"。小飞象章鱼是深海珍稀的章鱼种类。

体态特征

小飞象章鱼体长约为20厘米，各有8只触角，还有两只巨大的突出物，看起来像大象的耳朵。小飞象章鱼的"大耳朵"实际上是它们的鳍，可以帮助它们保持身体平衡，还可帮助它们游动前行。小飞象章鱼还会通过触角底部的漏斗状结构喷射水流，借助水流的推动和鳍的摆动在水里翩翩起舞。

深海环境

小飞象章鱼所生存的深海环境非常不适宜生物生存，没有光照，温度低，海水压力非常大。科学家称，很多潜艇到达深海时会在海水压力下发生变形，像塑料水瓶一样被压扁。生存在这种环境中的生物通常视觉不是非常发达，仅能探测到发光的目标。

发光器代替吸盘

小飞象章鱼虽没有其他章鱼那样的黏性吸盘，却懂得怎样弥补这一缺陷。它们用一种能够发出耀眼光亮的发光器取代吸盘，可以巧妙地利用这种发光器引诱猎物。当遇到敌人攻击时，小飞象章鱼还会张开自己的腕展露出所有的发光器，吓退入侵者。

捕食方式

在漆黑的深海中，小飞象章鱼通过发光器发出的光引诱某些小型甲壳类动物。当这些甲壳动物向小飞象章鱼靠近时，小飞象章鱼就会立即抓住它们，并通过身体所产生的一种黏液困住猎物，然后开始享用大餐。

回澜·拾贝

栖息深度 小飞象章鱼栖息在 300 ~ 5000 米深度范围的海水里。

章鱼的吸盘 小飞象章鱼没有吸盘，但其他种类章鱼的每条触手都有两排肉质的黏性吸盘，可以帮助运动和捕猎。

深海中的怪物——长吻银鲛

长吻银鲛主要分布于大西洋和太平洋地区,栖息在幽深的海里。长吻银鲛外形奇特,嘴巴很长,长有 4 只眼睛,人们常常将其看作深海里的怪物。

体形特征

长吻银鲛体色呈白色或浅棕色,身体侧扁,越靠近尾端越纤细,整体看起来像是被压扁的纺锤;吻部较长,呈扁平状,比较柔软;有 4 只眼睛,其中两只眼睛比较正常,另外两只眼睛看起来像是长在头部凸出的肿块;有两个背鳍,第一背鳍近似于三角形,像风帆一样高高扬起,第二背鳍较为低矮细长;胸鳍则又长又宽大,像水袖一样。

神奇的眼睛

长吻银鲛的 4 只眼睛各有妙用。长吻银鲛会将一侧的一对眼睛当成"镜子"使用,利用眼睛对光线的反射来看清周围的事物,而且通过这种方式看到的图像比其他动物依靠眼睛的晶体获取的物体图像更加清晰。这保证了长吻银鲛能够在深海中准确地区分出猎物,同时预防被天敌吃掉的危险。

珍贵的活化石

长吻银鲛一般生活在 2600 米以下的深水区域，在侏罗纪时期就已经出现了。大约 3.5 亿年前，长吻银鲛从鲛的祖先中分化出来，一直生存繁衍至今，所以有"活化石"之称。

种群现状

长吻银鲛属于深海鱼类，很少为人类所知。因此，对它们的研究和保护往往被人们忽视。随着渔民使用拖网误捕误杀以及海洋环境遭到破坏，长吻银鲛有效种群的大小和数量不断减少，濒临灭绝。目前，长吻银鲛已被列入世界自然保护联盟濒危物种红色名录。

回澜·拾贝

长吻的作用 长吻银鲛的长吻上密布着大量末梢神经，可以帮助长吻银鲛感受周围环境，寻找食物。

习性 长吻银鲛喜欢在夜间活动，主要食物为贝类、甲壳类和小鱼。

海中的燕子——深海斧头鱼

斧头鱼又称"燕子鱼"，可通过快速摆动胸鳍而跃出水面"飞行"。深海斧头鱼因身体瘦小扁平像斧头刀口一样而得名。这种鱼长相怪异，主要生活在热带和温带海域。由于科学家无法潜入那么深的海底来深入研究这种鱼，因而人们对其所知甚少。

怪异的深海斧头鱼

深海斧头鱼体长为2.5~12.7厘米，身体侧扁，头、背、尾较平，腹部大而外凸，整体看起来像一把斧头。深海斧头鱼的眼睛较奇特，呈桶状，不指向身体前方，而是指向身体正上方。这样的构造为深海斧头鱼寻找食物提供了巨大便利。除了奇特的眼睛，深海斧头鱼的另一特点就是身体上拥有发光器。这些发光器像刺一样，分布在斧头鱼的身体两侧。深海斧头鱼可以利用发光器的光亮引诱猎物和吸引配偶，甚至用这些光亮匹配其他光线，帮助其隐身。

回澜·拾贝

深海星光鱼 深海斧头鱼属于深海星光鱼科。这一种类的鱼呈亮银色，栖息在200~1000米深的海洋区域。

其他斧形鱼类 淡水胸斧鱼也是一种斧形鱼类，与深海斧头鱼外形类似，但两者没有亲缘关系。

神秘的龙宫使者——皇带鱼

皇带鱼，俗名"龙宫使者""白龙王"，属于世界上较长的硬骨鱼。皇带鱼为深海鱼类，主要分布在印度洋、太平洋海域，喜欢栖息在漆黑的深海。由于体态和生活环境特殊，皇带鱼被认为是横扫海底的怪物，也曾被误认为传说中的龙。

神秘的海底巨怪

传说深海里有令人恐怖的海魔王，它们体形巨大，可以吞食牲畜、撞击船只，还会给人类带来灾难。亚里士多德所著的《动物史》中写道："在利比亚，海蛇都很巨大。沿岸航行的水手说在航海途中曾经遇到过海蛇袭击。"有航海目击者声称这种"海蛇"全身银光闪闪，大大的脑袋像马头，额头上还有白色条纹，长相狰狞恐怖，甚至有人说它们可以吞吐烟雾。其实，人们所说的海魔王可能就是居住在深海的皇带鱼。

体形特征

皇带鱼体形侧扁而长，呈带状，普遍体长约为 3 米，也有体长为 15 米左右的特例；全身为银灰色，并具有蓝黑色斑纹，身体上方有鬃状的红色背鳍；头部形状像马头一样，头部的鳍呈冠状；没有臀鳍，长长的腹鳍形状很像船桨（它们因此也被称作"摇桨鱼"）。

凶猛的捕食者

皇带鱼属于肉食性鱼类，是海底世界的凶猛捕食者，会攻击它们所发现的一些海洋动物，包括中小型鱼类、乌贼、磷虾、螃蟹等。当食物匮乏时，皇带鱼甚至会同类相食。皇带鱼捕食时头朝上，像条带子一样漂浮于海底，等食物从嘴边游过时，会像弹簧般迅速地弹起并将食物吸入嘴中。其坚硬的上下颌足以咬碎甲壳类动物的壳。

巨怪造访

2014 年，一群皇带鱼出现在墨西哥的科尔蒂斯海滩浅水区。这些不速之客大部分体长在 4.5 米左右，其中两条巨型皇带鱼体长甚至超过 15 米。人们看到这些体形巨大的海怪时惊慌失措，引起海滩上的一阵骚乱。

回澜·拾贝

繁殖缓慢　皇带鱼的繁殖速度很慢，大约 14 年数量才翻 1 倍。

地震鱼　据说皇带鱼会因地震而受惊游至浅水避难，所以它们的出现往往预示着会有大地震发生。

公鸡鱼　皇带鱼背部的红色鱼鳍形状像鸡冠一样，因而皇带鱼又被称为"公鸡鱼"。

头部透明的怪物——桶眼鱼

　　桶眼鱼主要分布在太平洋、大西洋和印度洋的热带水域，通常在暗淡无光的漆黑深海里生存，在浅海水域时身体会受到损害。正因如此，桶眼鱼很难与人类相遇。直到1939年，人类才首次发现这种造型奇特的深海鱼。

头部透明的怪物

　　桶眼鱼长着管状的眼睛，头部就像是战斗机的舱罩。让人吃惊的是，桶眼鱼的头部是完全透明的。人们可以通过桶眼鱼透明的皮肤看到头部里面的各种器官结构，甚至可以看到眼睛和大脑的运动。

独特的眼睛

　　从正面看，桶眼鱼的脸部很正常。但是，它们脸部看起来像"眼睛"的构造并不是用来观察周围环境的，而是嗅觉器官，相当于人类的鼻孔。桶眼鱼头部的翡翠绿色结构才是真正的眼睛。这独特的眼睛可以在头内自由转动，不仅能向前看，还能透过透明的脑袋向上看。

桶状眼睛的妙用

桶眼鱼的眼睛呈桶状，也称"管状"，内部为绿色。科学家本以为这种结构会使桶眼鱼的视力变差，但经过研究，科学家才了解到，这种像桶一样的眼睛构造更有利于桶眼鱼收集深海生物身体发出的光线。不仅如此，它们绿色的眼睛还可以过滤掉从海洋表面照射到深海的光线。这样一来，桶眼鱼就能够更方便地发现猎物。

"不劳而获"的桶眼鱼

桶眼鱼生活于海洋中间层，那里暗淡无光，食物稀少。除了桶眼鱼，管水母也生活在这一海层。桶眼鱼经常在管水母下方游动，此时它们的眼睛和身体都是向上的。看见管水母捕捉到猎物后，桶眼鱼就快速夺取管水母的猎物作为自己的食物。当猎食结束后，桶眼鱼又调整到原来的水平状态，眼睛继续保持向上看的角度，等待时机。

回澜·拾贝

鱼鳍 桶眼鱼的鱼鳍大而平，可以让它们增强平衡性，浮在水中一动不动。

管水母 属于水螅虫纲里的成员，大多由异形个体组成。

珠光宝气的"毒蛇"——蝰鱼

蝰鱼又名"凸齿鱼""毒蛇鱼",是一种小型深海鱼类,身长一般为十几厘米,因牙齿破唇而出的样子很像蝰蛇而被称作"蝰鱼"。它们白天栖息在海洋深处,晚上会游到海面附近觅食。

奇特的外形

蝰鱼身体扁平,全身覆盖着又大又薄的鳞片,整个身体呈墨绿色,具有金属光泽。蝰鱼长着尖利的牙齿,下颌上的尖牙非常大,甚至从嘴里伸出来。凌乱而尖利的牙齿使蝰鱼的面目十分狰狞,而这些尖牙正是蝰鱼捕猎的好武器。

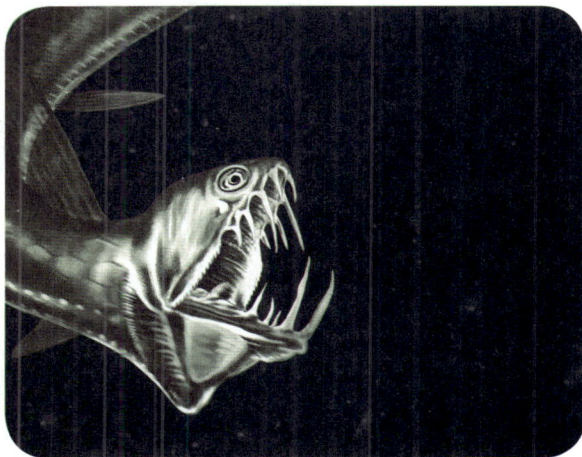

大嘴

蝰鱼有一个特别的头骨,使其可以把自己的嘴张到正常大小的两倍。

可储存食物的胃

蝰鱼体形很小,胃口却很大。由于食道可以伸缩,胃的弹性很大,它们可以吞下体积较大的食物。不仅如此,蝰鱼的胃还具有储存食物的作用。当食物非常充足的时候,蝰鱼就可以多吞食一些,放在胃里储存起来,以备不时之需。在食物匮乏的深海,胃的储存作用能够保障蝰鱼适应周围的环境,正常生存。

"珠光宝气"的诱惑

蝰鱼身体体侧、背部、胸部、腹部和尾部都有发光器，可以发出光亮。当发光器打开时，蝰鱼的身体光亮闪烁，仿佛穿着装饰着珠宝的华美外衣。蝰鱼把自己装扮成这样是为了诱惑浮游生物。晚上捕食时，蝰鱼游向海面，打开背部的发光器，使得浮游生物纷纷向它们游来，蝰鱼就可以轻松享用美餐了。

生殖繁衍

人类对蝰鱼知之甚少，至今也没有完全弄清蝰鱼的生殖习性。科学家估计，它们全年均可繁殖，但主要繁殖期集中在晚冬和早春时节。虽然雌鱼的产卵量很大，但幼鱼的成活率非常低，能够长成成鱼的个体很少。

繁殖信号

蝰鱼身体侧面的发光器不用于捕食，主要是用于生殖时发出信号，以吸引其他的蝰鱼。

回澜·拾贝

食物 蝰鱼属于肉食性鱼类，食物包括中小型鱼类和甲壳类动物。

无毒 虽然蝰鱼体形和尖利的牙齿与毒蛇相类似，但蝰鱼没有毒。

凶恶的猎食者——深海龙鱼

深海龙鱼又称"黑巨口鱼"，是一种海洋发光鱼类，主要分布于温带和热带海洋的深水海域。深海龙鱼体形不大，身长一般为 10～15 厘米，头部较大，嘴里长有尖牙，捕食行为比较凶猛。

敏锐的眼睛

深海龙鱼栖息在水深 1500 米左右的深海区域，那里没有可见光，一片漆黑。为了适应这样的环境，深海龙鱼的眼睛的大型水晶体下面分布着大量的感光细胞。深海龙鱼对光线十分敏感，可以敏锐地感受光线从而迅速地发现猎物。除了构造奇特的眼睛，深海龙鱼的下颌还有一对发光器。在搜索猎物的时候，深海龙鱼可以将这一对发光器当作探照灯使用。

发光器 "钓饵"

深海龙鱼的下颌都有一个像渔竿一样的发光器，可以当作捕食猎物的"钓饵"。捕食时，深海龙鱼不停地摆动发光器，让发光器在漆黑的深海发出光亮，不断闪烁。猎物被这些光亮吸引，纷纷前来，不知不觉间就变成了深海龙鱼口中的美味。

凶猛的捕食者

深海龙鱼是肉食性海洋动物，一般以甲壳类生物和鱼类为食。深海龙鱼嘴很大，有着像钉子一样尖利的上下两排牙齿，甚至上颌和舌头上也分布着小的尖牙。一旦发现猎物，深海龙鱼就会迅速出击，一口咬住，以众多尖牙穿透猎物的身体，将猎物撕成碎片再大饱口福。

回澜·拾贝

无鳞 大多数常见鱼类体表会覆有鳞片，但深海龙鱼完全无鳞。

洄游觅食 深海龙鱼属于昼夜垂直洄游的鱼类，白天喜欢潜在深海休息，夜晚则游到海洋表层觅食。

食人魔鱼——角高体金眼鲷

角高体金眼鲷又称"尖牙鱼"，牙齿三大且锋利，外形看起来较为恐怖。角高体金眼鲷分布范围主要为热带和温带海域，通常栖息在黑暗无光的海底，鲜为人知。

"食人魔鱼"

角高体金眼鲷有着大大的歪斜的嘴巴，长着巨大的像犬齿一样的尖牙。大嘴配上超大号的尖牙让角高体金眼鲷面目狰狞，看起来颇具威胁，以致人们认为它们会攻击人类，将它们称为"食人魔鱼"。其实，角高体金眼鲷虽然外表凶猛，但对人类几乎构不成危害，因为它们实在太小了，体长仅为 15 厘米左右。

大尖牙

角高体金眼鲷的牙又大又尖，所以它们也被称作"尖牙鱼"。它们各自的嘴巴里有左右两颗巨大的牙齿，头部左右两侧各留有一个"插槽"，才使巨大的牙齿不妨碍嘴巴的合拢。角高体金眼鲷的尖牙是它们猎食的强力武器。有了这样的武器，它们甚至可以猎杀体形比它们大的鱼类。

生活特征

角高体金眼鲷生活的深海，食物匮乏，因此它们对食物不挑剔。它们多数的食物是从上层海水落下来的。虽然角高体金眼鲷不怕冷，但是为了获得充足的食物来源，它们通常会选择在热带和温带海洋深处生活。

形态差异

角高体金眼鲷在成长过程中外形会发生变化，成年鱼和幼鱼差别很大。幼鱼的头骨偏长，体表通常为浅灰色，长到 8 厘米左右才开始像成年鱼的样子；成年鱼头部很大，嘴巴也较大，全身颜色为深棕色或黑色。

回澜·拾贝

栖息深度 角高体金眼鲷通常栖息在 2000 米左右的深海，最大栖息深度约为 5000 米。

食物 角高体金眼鲷属肉食性动物，以甲壳类动物和鱼类为食，但其幼鱼主要吃甲壳类动物。

南极海洋中的冰雪公主——南极冰鱼

在冰冷的南大洋深海区生活着一种身体半透明的鱼，这就是南极冰鱼。南极冰鱼外形细长，长着大大的眼睛，嘴里有长牙，身体没有鳞片，多呈白色，非常美丽。其常见种类有眼斑雪冰鱼、独角雪冰鱼等。

眼斑雪冰鱼

眼斑雪冰鱼是南极冰鱼的一种，生活在南极洲冰冷的海水中，外形细长，头比较大，身体颜色较浅，分布着黑色斑纹，色彩搭配优雅，看起来像精心装扮的公主。这种鱼全身流动着透明血液，身体表面没有鳞片，体内含有丰富的营养物质，不含血红素，营养价值高。

眼斑雪冰鱼

独角雪冰鱼

独角雪冰鱼

独角雪冰鱼是比较常见的一种南极冰鱼，生活在南冰洋海域，是一种底栖性鱼类。这种鱼比其他同类体形大，身体大部分透明，没有鳞片，能够在超低温度的海水里正常生活。

回澜·拾贝

种群现状 南极冰鱼难以承受高温。如果全球气候持续变暖，南极冰鱼的数量将会大幅减少。

抗冻蛋白 南极冰鱼的身体内有一种具有提高抗冻能力的蛋白质化合物，因而它们的血液可以在接近冰点的低温条件下正常流动。

相貌丑陋的捕食者——鮟鱇

　　鮟鱇是一种世界性鱼类，外形丑陋，看起来像琵琶，因此也被称为"琵琶鱼"。它们广泛分布在太平洋、大西洋、印度洋的热带和亚热带水域。鮟鱇雌雄差别较大，配偶关系与众不同。

丑陋的"魔鬼"

　　鮟鱇体表皮肤为深褐色，身上有许多皮质突起，身体前半部为平扁的圆盘形，尾巴为柱形，像带着手柄的煎锅；头部又大又扁，长着和身体一样宽的、满是尖牙的嘴巴，头顶上长有眼睛；腹鳍短小，胸鳍很发达，可以像脚一样在海底移动。这种奇特的外形，使得人们把鮟鱇看作丑陋的"魔鬼"。

"灯笼"陷阱

　　鮟鱇头顶上有根细长的棘刺，是由背鳍逐渐向上延伸形成的。棘刺前端像钓竿一样，末端膨大形成"诱饵"，可以发光，像个小灯笼。鮟鱇经常摇晃"小灯笼"以引诱猎物，等到猎物接近时，便会突然张开大口，将猎物吞吃掉。

机智逃生

当发光器引来凶猛的鱼类时，鮟鱇会迅速把自己的发光器吞回嘴里。顿时，海洋中一片黑暗，鮟鱇趁着黑暗转身就逃。

独特的配偶关系

雄性鮟鱇行动缓慢，体形比雌性鱼小，成年之后消化组织会失去功能。成年雄性鱼会寄生在雌性鱼的身体下方，由雌性鱼提供营养。在繁殖期，雌鮟鱇会释放出一种特殊的气味吸引深海中的雄性鱼，雄鮟鱇寻着气味找到雌鮟鱇并咬住雌鮟鱇的身体下方，钻入雌鮟鱇皮下，两条鮟鱇的皮肤组织和血管逐渐融合相通，雄鮟鱇就这样依靠着雌鮟鱇提供的营养生活。之后，雄鮟鱇的身体器官就会逐渐消失，只留下生殖器官在雌鮟鱇体内以供繁殖。因为鮟鱇雌雄数量不均，所以往往是数条雄鮟鱇共同寄生于一条雌鮟鱇身上。

回澜·拾贝

俗称　鮟鱇的俗称有"结巴鱼""蛤蟆鱼""海蛤蟆""琵琶鱼"等。

老头鱼　鮟鱇发出的声音很奇怪，好像老爷爷在咳嗽一样，所以渔民也称它们为"老头鱼"。

价值　鮟鱇的肉富含钙、磷、铁等多和微量元素，皮可制胶，肝可提取鱼肝油，鱼骨可加工成鱼粉，因此具有较高的经济价值。

不起眼的蚀骨者——食骨蠕虫

　　食骨蠕虫是生活在深海里的一种多毛纲动物。食骨蠕虫以鲸遗体的骨头为聚集地，并且从中获取营养物质而生存繁衍，因此这种动物被认为是深海的僵尸蠕虫。

鲸骨上的"火焰"

　　2002 年，科学家在美国加利福尼亚州蒙特利湾海域考察时，在约 2800 米的深海底部的鲸骨上发现了一种从未见过的红色虫子。这些虫子紧紧贴在鲸的骨架上，好像白色的鲸骨上燃起的红色火焰。2004 年，美国《科学》杂志第一次对外公开宣布这一深海发现。

食骨蠕虫的形态

　　食骨蠕虫是一种管状的虫子，体表为红褐色，没有面部和嘴巴，长着色彩鲜艳的柔软纤毛，管状身体顶部有能够在水中漂动的红色触须，底部是绿色的根毛状结构。食骨蠕虫没有内脏器官和消化系统，身上的彩色羽毛状结构可以进行呼吸，显著的根毛状结构能够用来吸收营养物质和排泄废物。

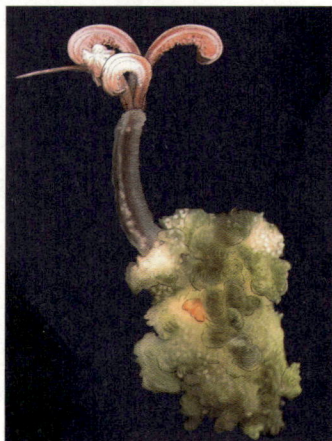

寄生于尸骨

当食骨蠕虫的幼虫遇到一具鲸尸体时，它们就会利用显著的根毛状结构依附在尸骨上。然后这些幼虫会不断通过共生细菌吸收骨头内的营养物质，很快生长"发芽"，看起来像小树一样。

与细菌共生

食骨蠕虫生理结构简单，不能单独生存，因而它们与一种海洋螺菌共同合作生活。这种细菌居住在食骨蠕虫成体的根毛状结构物上。根毛状结构物进入鲸骨后，细菌消化鲸骨中的脂肪和骨油并分解出营养物质，根毛状结构物吸收这些营养物质，供食骨蠕虫生存。

回澜·拾贝

雌雄寄生 一只雌性食骨蠕虫体内一般会寄生 50 ~ 100 只雄性蠕虫。这些雄性蠕虫在幼虫期就不再长大，只是寄生于雌性体内以供繁殖。

角色争议 食骨蠕虫在海洋脊椎动物遗体的降解中所扮演的角色备受争议。有科学家认为食骨蠕虫只消耗鲸骨，也有的认为它们可以消耗多种动物遗体。

古老物种 科学研究表明，食骨蠕虫在 1 亿年前就已经出现，是地球上最古老的物种之一。

海底火山上的"森林"——巨型管虫

巨型管虫又称"深海管虫",生活在大洋底部火山口附近,体长最长可超过 4 米,形成了火山口附近的"森林"。巨型管虫生理结构简单,营养方式较为独特,靠共生细菌提供能量。

结构简单

巨型管虫身体呈管状,直径为 5 ~ 8 厘米,身长一般为 2 米左右,也有超过 4 米的较大管虫。巨型管虫生理结构简单,既没有嘴也没有消化系统,完全靠生存在体内的共生菌来提供能量。它们管状身体的顶部生有红色的纤毛,那是它们的呼吸器官。当巨型管虫群体生活在一起时,它们就像巨型的亮红色羽毛。

营养体

巨型管虫体内存在着专门供共生细菌生活的结构,叫作"营养体"。

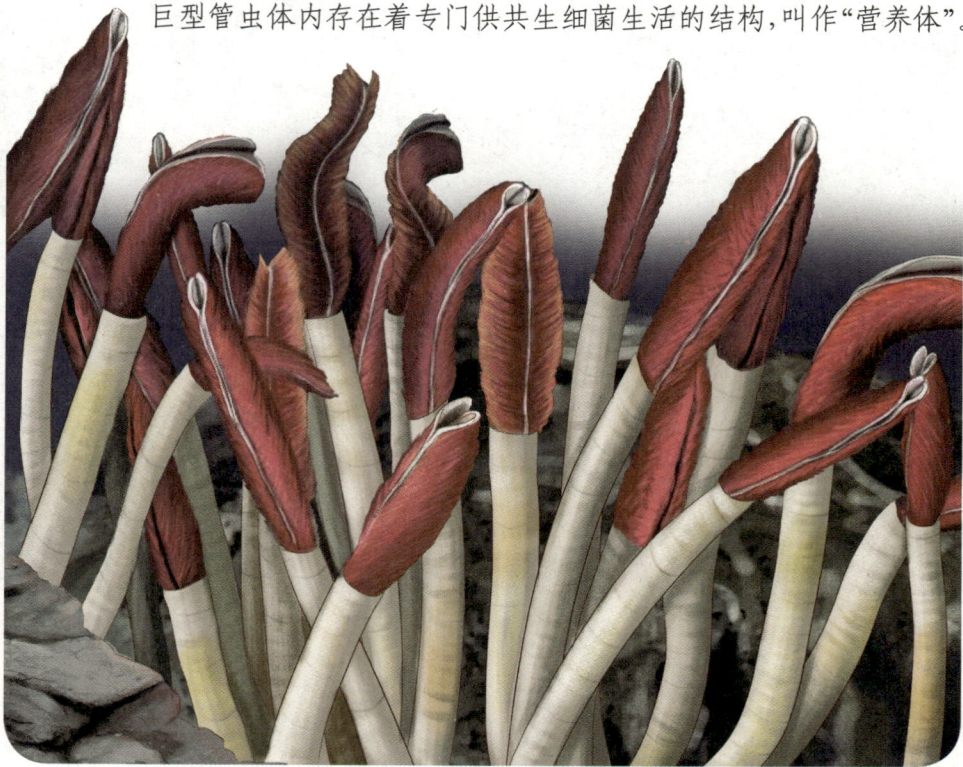

火山口安家

海底火山口不但温度高、压力大,而且经常有海底热液涌出,还有大量有毒物质随海水从海底深处涌上来。在人们看来,这样的环境充满危险,但对巨型管虫而言,这里是它们生长繁殖的乐园。巨型管虫可以借助火山口附近的细菌获取周围的能量,从而正常生长。

成长变化

巨型管虫的生理结构会随着成长发生变化。在虫体幼小的时候，管状身体上长着嘴和内脏，细菌可以沿着这些器官进入它们的体内。当巨型管虫长大后，嘴和内脏消失，细菌就会被封闭在体内。

互利共生

巨型管虫和体内的共生细菌是合作生活的好伙伴。巨型管虫利用顶端的红色呼吸器官，吸收海水中的二氧化碳、氧及火山释放的硫化氢等物质，并把它们输送给体内的共生细菌。细菌将巨型管虫输送的物质进行化学合成，从而产生能量，这些能量和海水中的二氧化碳一起生成有机物。细菌提供的有机物一部分供应细菌的生活，另外一部分供应给巨型管虫。

回澜·拾贝

栖息深度 巨型管虫通常栖息在约1500米的深海底部火山口附近。

几丁质 几丁质是构成甲壳类动物外壳的重要物质之一，巨型管虫的管子也由坚硬的几丁质构成。

在沸水中生活——庞贝蠕虫

在海底的热泉附近，水温甚至会超过陆地上沸水的温度。即使在这样的高温环境中，庞贝蠕虫仍可自由生存。庞贝蠕虫是目前人类已知的世界上最耐高温的动物之一。

水深火热的生存地

庞贝蠕虫主要生活在东太平洋海底，那里有一条长长的地壳活动带，分布着许多海底热泉。有些热泉在冒出地面时会在出口处形成烟囱似的石柱，从石头烟囱里冒出来的热液温度通常达到100℃左右。不仅如此，海底热泉附近的海水有着巨大的海水压力和大量的毒素。庞贝蠕虫能够在这样恶劣的条件下生存，可见其对环境的适应能力多么强大。

蛰居生活

在大洋底部，毛茸茸的庞贝蠕虫会用分泌物在海底热泉的石头烟囱外面筑起一条条细长的白色管子，这些管子就是庞贝蠕虫的居所。科学家发现，这些管子内部温度往往超过80℃。通常情况下，庞贝蠕虫就蛰居在这种高温管子内，有时候也会爬出管子到附近游荡。

与细菌共生

　　庞贝蠕虫和其他海底蠕虫的生活方式一样，也是和细菌共同生存。在庞贝蠕虫的背部依存着一种丝状细菌，这种细菌与庞贝蠕虫是互不可缺的好伙伴。庞贝蠕虫为细菌提供生长场所，同时庞贝蠕虫的运动能够保持细菌周围的水不断更新；作为回报，细菌以自身的分泌物作为庞贝蠕虫的食物。

百毒不侵

　　在高温热液附近的海水中有高浓度的有毒物质，如硫化物和重金属元素等。这样的有毒环境却无法对庞贝蠕虫造成伤害，由此可以看出庞贝蠕虫抗毒能力十分强大，可称得上"百毒不侵"。

回澜·拾贝

　　耐温差　　庞贝蠕虫是已知的最耐温差的动物之一。它们生活的管子管口温度是20℃～24℃，而管底部温度为60℃～80℃，温差显著。

　　抗压能力　　深海海沟的火山口附近，海水的压力可以把一个人在几秒钟之内压迫致死，庞贝蠕虫却能安然生存，证明庞贝蠕虫抗压能力非常强。

深海逃生专家——海参

海参又名"刺参""海鼠""海黄瓜""海茄子"，因营养价值高而为人们所熟知。海参的栖息范围非常广，在浅海至8000米的深海都有它们的身影。海参有很多逃脱危险的方法，是深海著名的逃生专家。

形态特征

海参的体形像黄瓜一样，呈圆筒状，整体呈暗黑色，全身长满突出的肉刺，体长一般为10～20厘米，特大的可达30厘米；口在身体前端，略偏向腹部，口的周围有触足；肛门在身体后端，多位于背面。

变色伪装术

海参像变色龙一样，可以改变身体颜色，从而与所处环境相融。生活在礁石附近的海参，体色与礁石颜色相近，多为棕色或淡蓝色；居住在海草或海带旁的海参则多为绿色。这种变化体色的本领可以让海参躲过天敌的攻击，是海参的求生手段之一。

排脏逃生术

除了变色，海参还有更高超的逃生法。当遇到天敌攻击时，海参会迅速把自己体内的"五脏六腑"由排泄孔喷射出去。漂浮在水中的脏器会吸引天敌的注意，海参则借助排脏的反冲力，趁机迅速逃离。海参把内脏排出后并不会死掉，经过30～50天的时间，又会生长出新的内脏。

分身术

神话传说里齐天大圣可以用猴毛变化出多个自己，海参也具有这样神奇的功能。这与海参强大的修复再生功能密切相关。海参被天敌吃掉一半或被切除一半的情况下，可以在几个月后重新长出全部身体。有的海参甚至会主动自切。当条件适宜时，它们就将自身断开，一段时间后，每一段会长成一个新的个体。

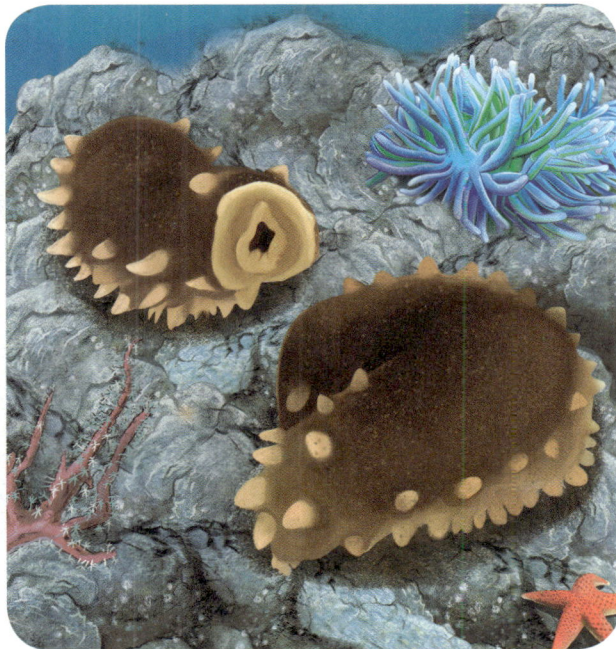

回澜·拾贝

繁殖能力 一只成年海参在繁殖期一次可排卵约500万枚，繁殖能力十分强大。

预报天气 海参会在风暴来临前躲到石缝里。渔民经常利用这种现象来预测海上风暴的情况。

夏季休眠 夏季当水温达到20℃时，海参就会转移到深海的岩礁暗处，潜藏于石底，背面朝下，不吃不动，整个身子萎缩变硬，进行夏季休眠。

长寿的海中仙人球——海胆

海胆属棘皮动物，外形很像仙人球，因此又被称为"海底刺球"。海胆主要分布在浅水区，多群居在滨海带的岩质或砂质海底。

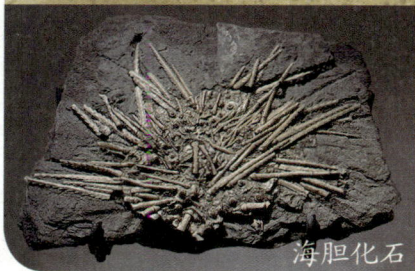

海胆化石

古老物种

海胆是地球上最长寿的海洋生物之一。据科学考证，海胆在地球上已生存上亿年。在中国的青藏高原，还曾发现过海胆的化石。但是，随着自然环境的改变，现在很多古老的海胆种类已经灭绝，只遗存下来了化石。

棘刺防身

海胆的身体硬壳呈球形，布满长 1～2 厘米的棘刺。海胆的棘刺由身体关节控制，遇到危险时，能指向任何方向。只要敌人对海胆有轻微的接触，棘刺就会立即聚合刺向敌人，从而使海胆免受侵害。有些种类的海胆在棘刺末端还有毒囊，毒囊内的毒液可以麻醉或毒杀较小的动物。

运动方式

　　海胆有大量的管足和棘刺，这些透明、细小、带有黏性的管足和棘刺可以帮助海胆在海底运动。管足可以抓紧岩石，而位于底部的棘刺则能够把海胆的身体抬起，使它们随意运动。运动时，海胆可以随时调整前进方向，不用转头。当海胆的身体被翻转时，棘刺和管足还可以将其翻正。

生殖"传染"

　　海胆是群居性动物，一个局部海域内可以聚集诸多个体。繁殖期内，一旦有一只海胆把生殖细胞排到水里，附近的每一只海胆都会感受到这一信息。随后，在这种刺激下，这一海区所有性成熟的海胆都会排精或排卵。这种奇怪的现象被科学家形容为"生殖传染病"。

回澜·拾贝

　　负趋光性　　海胆不喜欢光线，多在夜间行动。在白天为了逃避光线，海胆会用管足抓着贝壳、藻类、珊瑚等遮蔽身体。

　　价值　　海胆是一种珍贵的中药材，还可以制成食品。

　　光棘球海胆　　中国辽东半岛及山东半岛附近海域的一种常见海胆，通常栖息在沿岸浅海以及海藻较多的岩礁底，在6—7月中旬大量繁殖。

没有视觉的多毛怪——雪人蟹

　　2005 年，科学家们发现了一种新的甲壳动物。它们外形非常奇特，看起来像来自寒冷极地的雪人。实际上，它们生活在南太平洋附近漆黑幽深的海底。科学家们将这种新的甲壳类动物命名为"基瓦多毛怪"。

一个新属的创建

　　海洋生物学家在复活节岛沿岸南太平洋海域进行海洋生物普查时，在海底热液喷口周围发现了雪人蟹。因为雪人蟹的体态特征与其他甲壳类动物截然不同，无法将其分入当时存在的科或属中，因此科学家专门为这种蟹创建了基瓦属。

奇特的外形

　　雪人蟹的大体形状与龙虾、螃蟹相似，体长约为 15 厘米，全身雪白；蟹螯很长，向头部前方延伸，蟹螯上覆盖着又细又长的绒毛，称"刚毛"；蟹脚比蟹螯短很多，上面也长满丝绸般的白色绒毛。

没有视觉功能

　　雪人蟹生活的海底是一个完全见不到阳光的世界，只有发光生物发出的点点光亮。在这样的环境中，很多生物的视觉退化，雪人蟹就是这样。其实，即使有光亮，雪人蟹也无法感知，因为它们的视网膜已经退化，完全没有视觉功能。

养殖细菌

　　雪人蟹的毛螯上有许多丝状细菌。雪人蟹常常会按照一定的节奏摇动自己的前螯，这样可以搅动细菌周围的水，保证细菌有充足的氧气和硫化物供应，从而帮助细菌成长。这是人们初次了解到深海动物可以自己养殖细菌。科学家认为，细菌群落可以隔离海底热液中的有毒矿物质，保护雪人蟹免受毒害。

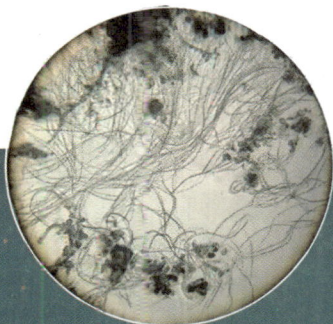

回澜·拾贝

　　基瓦　"基瓦"是波利尼西亚神话中保护甲壳类动物的女神的名字。

　　食性　科学家认为雪人蟹是杂食性动物。它们的食物包括藻类和虾类，绒毛中的细菌也可以为雪人蟹提供一定的能量。

巨型深海大虱——大王具足虫

大王具足虫又称"巨型深海大虱""巨型等足虫"，是世界上体积最大的漂水虱科动物。它们早在 1.6 亿年前就已经出现，一直生存繁衍至今，但外形几乎没有发生改变，因此人们将其称为"深海中的活化石"。

大型"潮虫"

大王具足虫与陆地常见的潮虫体形相似，但要比潮虫大很多，通常为 19 ~ 37 厘米。每个大王具足虫的头上长着两对触须，腹部有 7 对关节肢。大王具足虫鳞片的钙质外骨很特别，上方与头部、下方与尾部都合为一体，就像淡紫色的盾牌一样。大王具足虫还各有一对特殊的复眼，它们由近 4000 个平面小眼组合而成，分别位于头部两侧，迎着光会显得亮晶晶的。

栖息环境

大王具足虫分布广泛，自 170 米深的区域至 2140 米深的漆黑深层带都可以看到它们的踪影。这些深海区域海水压力很大，水温可以低至 4℃，但大王具足虫依旧可以安然生存而不受影响。它们一般喜欢在海底的淤泥层或黏土层单独行动，不喜欢群居。

肉食动物

　　大王具足虫是一种肉食性动物，食物来源十分广泛，主要以海洋生物尸体为主。此外，大王具足虫也会猎食一些行动缓慢的海洋生物，如海参、海绵、线虫、放射虫等。大王具足虫有一个特殊的本领——可以忍受长期的饥饿。但是，当一次性遇到大量食物时，大王具足虫会尽最大努力将食物吃掉，甚至会因吃太多而影响运动。

繁殖方式

　　大王具足虫的繁殖期一般是冬季和春季相交的时节。大王具足虫卵是已知的所有无脊椎动物中最大的。成年母体在繁殖期会长出一个育幼袋，虫卵都在育幼袋中度过孵化期。正在孵卵的母体不能大量进食，否则身体膨胀会导致虫卵被挤出育幼袋。

回澜·拾贝

　　物种发现　法国动物学家米奈·爱德华于 1879 年在墨西哥湾捕获一只大王具足虫的雄性幼虫，颠覆了"深海无生命论"。

　　物种属性　大王具足虫不属于昆虫，是一种甲壳类海洋生物。

　　绝食纪录　日本一水族馆饲养的一只大王具足虫绝食 5 年零 43 天后死亡，创下动物绝食时间最长的世界纪录。

喜欢群居的滤食者——火体虫

　　火体虫是一种群居的滤食性浮游生物，体形不等，小的仅有几厘米，大的可以长达 20 米，甚至有人拍摄到 30 多米的。火体虫并不是简单的生物个体，而是由上千个单独个体组成的。

外形特点

　　火体虫身体半透明，外形呈空心的圆柱状。小型的火体虫就像装填了许多泡泡的瓶子。大型的火体虫则像巨大的管道，通常一端聚拢，另一端是宽大的开口，用于排出过滤出去的海水。火体虫经常随着洋流在海洋中漂游，也可以自由游动。

栖息环境

　　在印度洋和太平洋交汇处，有一片由几千个岛屿组成的"珊瑚三角带"。这片海域海水温度较高，海底有深达 5000 米的深海盆地。这片海盆与外界相对孤立，上层海水中有丰富的浮游生物和其他海洋生物，下层幽深黑暗、空间巨大。科学家认为海盆底部可能会有丰富的新奇生物，火体虫就是其中之一。

滤食性动物

火体虫是一个数量巨大的群体，与须鲸等大型海洋动物一样，属于滤食性动物，主要以海洋中的浮游动物为食。火体虫捕食时，每个微小个体会持续不断地吸入海水，将海水中的小型浮游生物过滤留下，然后将海水和废物通过中空的中央开口处排出。在诸多微小个体的合作下，大型的聚合体才能够正常生存。

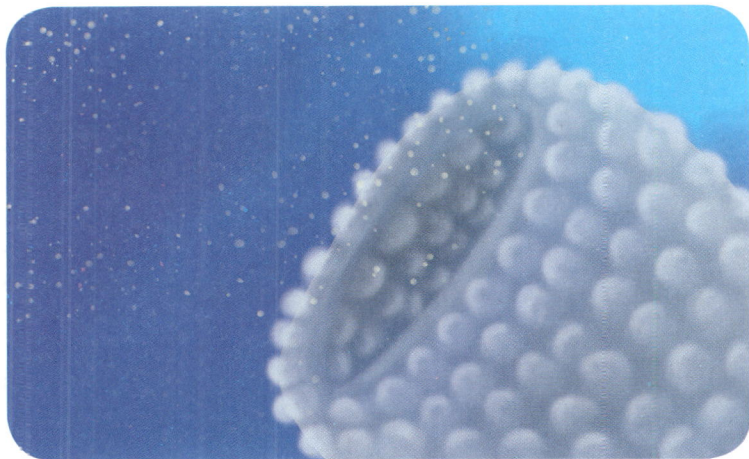

喷射式移动

火体虫不仅会随着海水流动而漂移，还会像章鱼和水母一样依靠喷射动力在海洋中自由运动。运动时，每个个体都要不断地吸水，然后将海水从开口一端排出，从而产生推动力让庞大的聚合体向前移动。这样的移动速度虽然很缓慢，但是却可以保证火体虫正常的代谢活动。

回调·拾贝

生物发光 火体虫生物体具有发光的能力，可以对其他光源作出回应，释放出明亮的蓝绿色的光芒。

海洋独角兽 火体虫通常生活在深海，非常神秘，所以被人们称为"海洋独角兽"。

冰海小精灵——海天使

在南极和北极的冰冷海域中，生活着一种轻盈美丽的浮游动物，它们像漂游在海中的天使。有人称这种小动物为"海天使"，也有人称它们为"冰之精灵"。

美丽的精灵

海天使体形娇小，身长为2~3厘米，相当于成人小指一节的大小。海天使通体透明，有头、腹、尾3个部分，头部顶端有像触角的突起，体侧长着透明的翅膀，腹部有像心脏一样的红色消化器官。海天使在海里游动时会快速扇动翅膀，像浮在半空的美丽天使。

用"口锥"捕猎

海天使属于肉食性动物，主要食物是浮游性小卷贝，也有一些海天使捕食海蝴蝶。海天使发现小卷贝时，头部像触角的两个突起之间会突然爆裂开，同时体内瞬间伸出6条被称为"口锥"的触角。这些触角将小卷贝扯入体内，海天使就可以享用美餐了。

生长繁殖

海天使是一种雌雄同体的海洋生物，但是它们不能自我繁殖，只能通过交配才能繁殖后代。在交配时，两只海天使相互结合。一段时间后，海天使孕育出小海天使。幼年海天使有壳，没有翅膀。随着成长，海天使的外壳逐渐消失，并且体侧渐渐长出透明的翅膀。

流浪的海天使

海天使通常生活在南极和北极的寒冷海域，但如果海洋环境出现问题，它们也会流浪到其他海域。2009 年，日本某海域出现了数量众多的海天使。这是人们第一次在温暖的海域发现海天使。海天使不正常的迁徙与北极海域环境的变化有关，这需要唤起人们保护海洋环境的意识。

回澜·拾贝

游动　海天使的翅膀大约每秒拍动两次，为海天使在海洋里畅游提供了足够的动力。

引进　青岛海底世界将海天使引入中国，让我们能够近距离欣赏到这种生活在极地海域的神奇生物。

深海的其他居民

随着人类对深海的深入探索，更多让人难以置信的生物逐渐被人们发现，如透明的蜗牛、用鳍行走的鲨鱼、像幽灵一样的水母、像郁金香一样的肉食性软体动物等。这些造型奇特、行为怪异的深海生物让人大开眼界。

肩章鲨

肩章鲨是一种奇特的鲨鱼，因个体头部附近有两个像肩章一样的圆点而得名。这种鲨鱼体长约为1米，尾鳍有凹刻，没有腹鳍。肩章鲨喜欢用鳍在海底行走，但在遇到天敌时也会快速游动逃走。肩章鲨有一种特殊的能力——能够在低氧的环境中关掉一些次要的脑部功能，以减少呼吸消耗。

巨口鲨

巨口鲨头部巨大，嘴与身体宽度几乎相等，以浮游生物为食。这种鲨鱼在印度洋、太平洋、大西洋都有分布，一般栖息在深海，偶尔会在黑夜游到上层海域觅食。据记录，人类捕获到的第一只巨口鲨长约4.5米，重约750千克，嘴约有1米宽，现被保存在美国的一个博物馆内。

海底的蜗牛

在暗无天日的深海里，生活着一种"脱壳"的水蜗牛。这种蜗牛与陆地上的蜗牛外形类似，但是由于接收不到阳光的照射，其身体完全透明。同时，为了在深海里获得足够的浮力，水蜗牛的沉重外壳完全退化，进化出了游动用的鳍。与陆地上的蜗牛比，水蜗牛的视觉非常发达，眼睛能够轻易发现猎物。

火烈鸟舌蜗牛

火烈鸟舌蜗牛生活在太平洋和加勒比海域，是一种色彩鲜艳的深海蜗牛。它们不像陆地上的蜗牛那样背着沉重坚硬的外壳，只是在体表覆盖着一层活性组织。受到攻击时，它们会迅速收起绚丽的色彩，以躲避敌害。火烈鸟舌蜗牛以有毒的海扇为食，并且会吸收海扇的毒液增强自己的毒性，用以应对敌人。

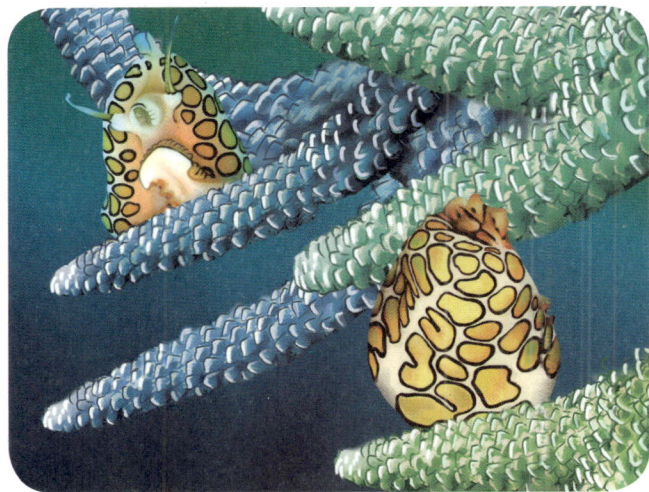

外形恐怖的水母

冥河水母外形像电影里的幽灵，是深海最令人恐怖的水母之一。这种水母体形巨大，体长可达 11 米，伞缘没有触手但褶皱很多，伞下的纵肌非常强壮。它们通常生活在 2000 米左右的深海，分布范围遍及大西洋、太平洋、北冰洋。

美丽的肉食性软体动物

2009年，科学家在塔斯马尼亚岛海域发现一种肉食性软体动物。它们的外形像美丽的郁金香，身体呈半透明状，有着巨大的嘴部。这种软体动物生活在深海海底，很难寻找浮游生物，因此需要捕食体形略大的小型甲壳动物。它们一般会在海底静止不动，靠嘴部吸引小型甲壳动物。当小甲壳动物游过来的时候，它们就会将其一口吞下，大饱口福。

回澜·拾贝

深海生物分类 深海生物按照生活方式可以分为浮游类、游泳类、底栖类。

变化的带尾鱼 带尾鱼是一种深海鱼类，幼体外形差别不大，但成熟后雌性鱼和雄性鱼会出现变化：雌鱼成长为具有鲸嘴特点的"奇鳍鱼"，雄鱼成长为长着大鼻子的"狮鼻鱼"。

斯维马多毛虫 外形像蚯蚓和水蛭，拥有脊柱、甲片、羽状鳃、触须、尖牙状下颚、多个眼睛以及鱼鳍一样的突起，因此被认为是最复杂的环节动物。

海底遗迹

　　海洋的神奇远不止丰富的海洋地貌和奇特的深海生物，在海洋底部，还沉睡着规模宏大的古代文明遗迹和价值连城的船只。这些珍贵的海底宝藏见证了人类文明的发展，散发着巨大魅力，吸引着人们不断对海洋展开探索。

藏在海底的文明

　　海底世界不仅生存着让人惊奇的生物，还隐藏着很多神秘的建筑，沉睡着一些满载宝藏的沉船。海底建筑有的是沉没海底的古代城市，有的却来历不明，引发人们的想象；海底沉船有的满载金银珠宝，有的具有较高的科考价值。这些海底遗迹魅力巨大，吸引着人们进行探索。

海底神秘建筑

　　人们对海洋展开探索后，在世界上很多海域发现了潜藏在海底的神秘建筑，如琉球群岛附近规模宏大的古城遗址、英国著名的海底教堂、西崎海域匪夷所思的海底金字塔、尼罗河流域两座沉没的古城等。这些建筑有助于人们更好地了解人类历史，探索多种多样的文明。

沉没在海底的宝藏

　　历史上曾有很多载满宝物的商船在海上沉没，留下一个个充满奇幻色彩的传说，吸引人们潜入海洋搜寻宝藏。随着人们的探索，沉睡在海底的"阿托卡夫人"号、"圣荷西"号、"南海一号"等沉船重见天日，船上的宝藏让人大开眼界。不仅如此，沉船还让曾经的历史画面重新浮现在人们面前，让人们获益匪浅。

回澜·拾贝

　　史前文明学说　科学家对海底的建筑进行探索后认为，有些文明古迹可能是地球上曾经存在史前人类文明的遗址。

天然之城——与那国岛的海底古城

与那国岛位于琉球群岛的八重山群岛中。人们在该岛周围的海底发现了神秘的古建筑遗迹。这些建筑规模大、意义非凡，引起了全世界的关注。

潜水员的发现

1986 年，日本的一名潜水员在与那国岛附近海域潜水，在深海的海床上发现了一些形状规整、排列有序的巨型石块。这些石块光滑平整，砌筑成阶梯一样的形状。潜水员经多次观察，认为这些石块都是人工修建的，它们组成的建筑物是一座被淹没的古代都市。

地质学家的研究

与那国岛海域的海底神秘建筑被发现后，日本地质学家木村政昭对这些建筑展开了科学考察和研究。木村教授调查发现，那片海底有各种不同的石砌建筑，如城堡、运动场、道路等，石墙上还雕刻着象形文字。木村教授认为，这些海底建筑是古代文明的遗物，它们将为人们研究古代文明提供有力的帮助。

西崎金字塔

　　随着探险和调查的进行，科学家们在与那国岛最西端的西崎海域发现了一座神秘的金字塔。这座金字塔由岩石堆砌而成，最大的岩石长250多米、高20多米。金字塔最上方有类似城门、回廊、瞭望塔等常见的古代城市建筑，城门的上方还刻着清晰的纹样。人们猜测，这可能是史前文明所遗留的建筑。

幻想中的史前城市

　　人们根据传说和海底发现的遗迹，构想出了史前城邦的繁荣景象：它们规模宏大，铺设着整齐的石板道路，建有运动场，挖掘了运河等，城市的墙壁上装饰着奇珍异宝，人们过着奢华的生活……但是，这些城市神秘地沉入大海的原因还需要人们继续探索和考证。

史前城市构想图

立神岩与海下神秘雕塑

立神岩位于与那国岛的东南海岸,是岛上居民的祭拜圣地,周围的海域也被称为"神圣海域"。调查海底遗迹的调查队在立神岩的下方发现了高达数米的人头雕像。在附近的海床上,人们还发现了一块刻着乌龟图案的巨型石头。

与那国岛立神岩

关于海底古城的争论

虽然大部分人认为这些海底建筑是古代文明建造的城堡，但是也有专家持反对意见，认为这些建筑是大自然的鬼斧神工。美国地理学家罗伯特·舒霍奇认为构成海底建筑的岩石都是沉积岩，这些岩石在地质作用下，会在不同岩层出现垂直裂缝，裂缝不断扩大就可以形成类似巨大阶梯的建筑。东亚考古专家理查德·皮尔森也表示，与那国岛的人类文明历史出现在公元前 2500 年至公元前 2000 年，当时的人类不可能建造出规模宏大的石材结构城堡。

其实，不论这些海底建筑是如何形成的，人们都无法否认它们的存在，并且它们还会吸引世界各地的许多游客和科学家的关注，让人们为之着迷。

回澜·拾贝

新嵩喜八郎 一名潜水爱好者，是发现与那国岛海底遗迹的第一人。

海底教堂——英国丹维奇

　　丹维奇是中世纪时期东英吉利的首府，曾是英格兰十大城市之一，城内有很多巨石建造的教堂。在地理条件的影响下，这座辉煌一时的城市沉入大海。20世纪以来，人们对这座海底之城不断探索，取得了一些成绩。

被海水淹没的辉煌城市

　　丹维奇作为东英吉利的首府，在当时是一座非常著名的大规模城市。城内有商店和住房，并且有十几座巨大的教堂，如"万圣"教堂、"圣彼得"教堂等。这些教堂由巨大的石头砌筑而成，宏伟壮观。但是，丹维奇所在地区的地理环境却预示了其可能会被海水淹没，因为当地为松软的水成岩地基，这种岩石是由其他岩石的风化产物和火山喷发物形成的，容易沉陷。1286年，滔天巨浪汹涌而来，席卷了整座城市，丹维奇在这一过程中消失。

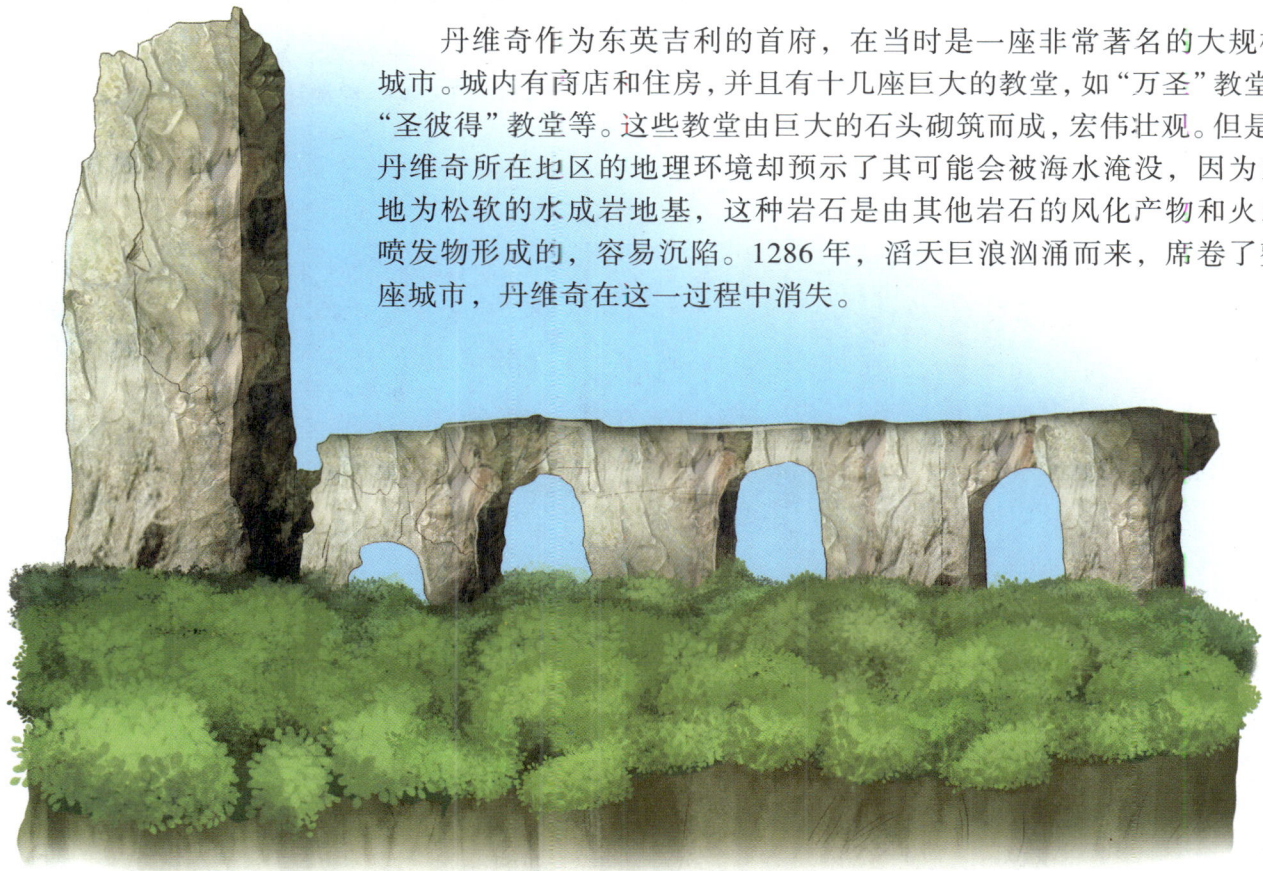

发现海底教堂

丹维奇附近海域环境复杂多变，不利于潜水。因此，很长一段时间内，一直没有人敢对沉没海底的神秘城市展开探索。直到1971年，考古爱好者斯图亚特·培根才突破重重险阻，深入海底，发现了被海水淹没的"万圣"教堂的塔楼。

探索新进展

随着潜水技术的发展，人们对丹维奇海底城市的探索逐渐深入。2009年，丹维奇当地的游泳爱好者潜入海底，从"圣彼得"教堂上采集了一些石头，并且将这些石头做成了教堂石雕。随后，英国威塞克斯考古中心再次利用声呐技术，在海底淤泥中又找到了一座教堂。

回澜·拾贝

大卫·塞尔 英国南安普顿大学地理学者，对丹维奇海底城市的研究有较大贡献，并且表示还会对这座海底城市进行更深入的探索。

渔港城 丹维奇未沉入海底以前曾是船员休息、娱乐的重要场所，也是渔船停泊的港湾。

水下金字塔—— 百慕大遗迹

　　百慕大三角区又被称作"魔鬼三角区"，海域上发生的诸多飞机、船舶神秘失踪事件让这里成为世界著名的神秘地带之一。但是，很多人还不了解，在这片海域的底部还耸立着一座座不明来源的巨大建筑。

比米尼大墙

　　1967 年，美国飞行员罗伯尔·布卢斯和助手驾驶飞机在百慕大海区一带进行低空飞行的过程中，发现比米尼岛附近海底有一个巨大的长方形物体。一考察组听闻这个消息，立即来到比米尼岛附近海区展开水下考古工作，发现了结构严密、长达 1600 米的巨大石墙。据考察，砌筑石墙用的石头每块重量都在 25 吨以上。在石墙的附近，考察组还发现了码头、港口、雕塑等大型建筑，还有一座距海面约 400 米的平顶金字塔。

古老的神秘建筑

　　比米尼岛海区发现的古建筑群，与英国南部索尔兹伯里的史前遗迹斯通亨奇巨石阵和蒂林特巨石城墙十分相像。但是，考古学家起初无法考证这些建筑是哪一时代所建造的，后来通过建筑上的红树根化石推断出这些建筑至少有 1.2 万年的历史。

深海的金字塔

比米尼岛附近的海底建筑被发现后，科学家们对神秘的海底世界更加好奇，逐渐对百慕大海区展开了进一步的探索。随后，科学家在百慕大海区东部海底发现了一座位于深海的金字塔。这座金字塔高大宏伟，塔顶离水面约有 700 米。

引起风浪的金字塔

1978 年，国际潜水中心主任罗歇韦率领队员到百慕大附近海区考察，突然遇到巨大风浪。为了躲避风浪，他们潜入海里，竟然阴差阳错地有了意外收获：他们发现海底有一座巨大的金字塔，金字塔上有两个大洞，海水正以非常快的速度从洞中穿过，使得海面上波涛汹涌、水雾飞腾。不一会儿，这一现象消失，海面上恢复了平静。经过测量，他们发现金字塔高约为 200 米，塔尖距海面约有 100 米，建筑年代早于埃及金字塔。

百慕大海底遗迹的新发现

1989 年，两名挪威潜水员在百慕大海区进行潜水活动时，发现海底平原上有一些排列有序的古建筑。建筑群看起来像一座古老的城市，有纵横交错的道路，道路两旁有圆顶建筑物，还有大型的竞技场等。他们用水底摄影机记录了这座水底古城，认为这就是传说中的亚特兰蒂斯的一部分。

亚特兰蒂斯

传说亚特兰蒂斯是一个伟大的古代文明，其位置在现今大西洋佛罗里达东北方向的大陆上。亚特兰蒂斯虽有高度发达的文明，但却在 1 万多年前神秘消失。

亚特兰蒂斯城市幻想图

水晶金字塔

人类对百慕大海底遗迹的探索从未停止。在一系列的神秘古建筑公布于世后，科学家又取得了新的惊人发现。2012年，美国、法国等国的科学家在调查百慕大海床后，声称发现了一座水晶金字塔。据说水晶金字塔边长约为300米，高约为200米，露出海床的部分高度约为100米，整座塔光滑平整，部分属于半透明的形态。

海底建筑的来历

对于百慕大海底神秘建筑的来历，科学家们众说纷纭。有的科学家认为，百慕大海区及大西洋中存在传说中的亚特兰蒂斯古陆，这些海底建筑是当时文明的遗迹。但也有科学家持反对意见，认为这些建筑是由外太空的生物建造的神秘基地。随着科技的进步，人类一定会解开这些未解之谜。

回澜·拾贝

海藻　百慕大三角海域属于马尾藻海的一部分，海水里有很多褐色藻类，不利于船只航行。

地磁异常带　百慕大三角附近的南大西洋海域，只有地球内部放射的电磁辐射，形成了一条异常的辐射带，被人们称为"地磁异常带"。

海盗之都——牙买加皇家港口

17世纪，牙买加皇家港口是加勒比海地区的重要城市之一，也是海盗和其他不法者聚集的地方，曾经被认为是"地球上最邪恶的城市"。在一场巨大的地震中，这座城市沉入海底，成为神秘的海底城。

建在沙洲上的城市

根据史书记载，牙买加皇家港口位于牙买加金斯敦海湾的入口处，建立在一片沙洲之上，高出当时的海平面不足1米。当地人口最多时超过1万人，他们以做海盗为生，经常组织海盗船和武装民船在大海上劫持往来船只。

地震毁城

1692年，牙买加皇家港口发生了一场巨大的地震，造成大约2000人死亡，城市的大部分建筑在地震中沉入海底。后来，人们对沉入海底的城市进行了探索。据称牙买加皇家港口当初建造在牢固地基上的建筑物，如今仍然完好无损地存在于海水中。

回澜·拾贝

神奇的怀表　20世纪60年代，考古学家在沉没的水下城市发现了一只怀表。怀表指针定格在历史上那次大地震发生的瞬间。

金斯敦　位于牙买加东南沿海的金斯敦湾内，濒临加勒比海的北侧，是牙买加首都和最大的港口城市。

泥沙之城——尼罗河入海口的古城

尼罗河流域的埃及金字塔堪称世界奇迹。除此之外，在埃及北岸的尼罗河入海口处，还曾存在两座著名的古城，分别是赫拉克利翁古城和东坎诺帕斯古城。这两座古城曾因富有和规模宏大闻名于世，但最后被海水淹没，沉于海底。

泥沙之城

赫拉克利翁古城和东坎诺帕斯古城建在尼罗河岸边松软的沙地上，地基没有任何固定的支撑和桩基。两座城市之间由运河、灌溉渠以及曾经的一条尼罗河支流相连，两座城市的居民相互交流、彼此影响。

尼罗河沿岸风景

繁华的贸易中心

根据古代文字记载，公元前 500 年左右，赫拉克利翁和东坎诺帕斯曾经是希腊船舶沿着尼罗河进入埃及的咽喉要道，也是埃及当时繁华的贸易中心。然而，这两座辉煌的古城却由于种种原因沉入大海，让人们充满好奇。

海底的遗迹

　　为了研究这两座神秘的古城，人们在尼罗河三角洲以西数千米外的阿布齐尔海湾展开了探索。2000 年，法国考古学家弗兰克·高迪奥宣称，他在 7 米深的海水中发现了两处古代建筑，包括残墙、倒塌的庙宇、栏杆和雕塑等。第一处遗迹大概位于距离现在海岸线 1.6 千米处，考古团队在此挖掘到了公元前 600 年时的钱币、护身符、珠宝首饰、刻着税务法令和奈科坦尼布一世名字的石板，还发现了两座巨大的神庙。考古专家认为这座城市就是赫拉克利翁古城。第二处遗迹在数千米之外，考古人员认为它就是东坎诺帕斯古城。

回澜·拾贝

　　赫拉克利翁的神庙　考古团队在赫拉克利翁古城遗迹发现了两座庙宇，庙宇里分别供奉着古希腊神话中的英雄赫拉克利斯和埃及主神。在神庙附近，考古团队还找到了很多精美的青铜器。

　　曾经的岛屿　希腊历史学家希罗多德在公元前 5 世纪时所著的一本书中描述，赫拉克利翁古城和东坎诺帕斯古城可能是位于爱琴海上的两个岛屿上。

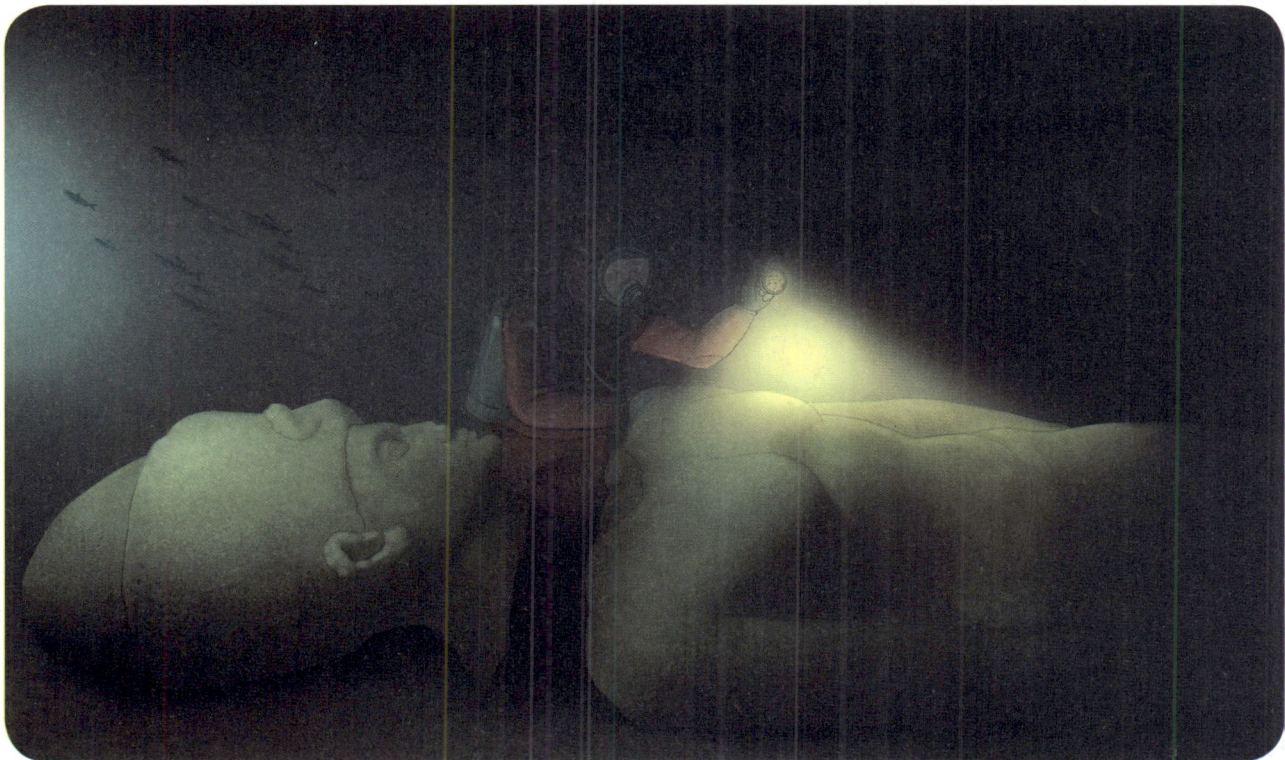

沉睡的村落——亚特利特雅姆古村

亚特利特雅姆古村是一个沉没在以色列北部地中海海域的古老村庄，是目前发现的最古老的海底文明遗迹之一。这个海底古村在水下沉睡了几千年，依然保存完好。让人费解的是，村落里还有一个神秘的怪石圈。

古老的沉没定居点

亚特利特雅姆古村落大约存在于公元前 7000 年，是目前所知的人类最古老的定居点之一。这一定居点面积约为 4 万平方米，由于没有规划完整的街道，因而被考古学家称为"村落"。在这个古老的村落中，人们用石头建造了大型的庭院，院内还有铺着地板的巨石房屋，屋内有壁炉和存储物品用的设施。

农业生产革命遗址

探索者们在亚特利特雅姆古村遗迹里发现了多种动物的遗骨，说明亚特利特雅姆村民不仅会捕猎野生动物，还可能会畜养绵羊、山羊、猪、狗和牛等家畜。同时，探索者们在村落遗址里还发现了小麦、大麦、扁豆和亚麻等农作物种子。从这些发现来看，当时的人们正在经历人类历史上一次伟大的农业革命，因而这一海底古村也被称为"农业生产革命遗址"。

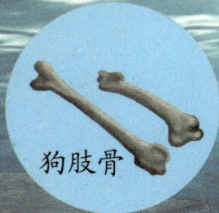
狗肢骨

羊下颌骨

种子

神秘的怪石圈

在亚特利特雅姆古村遗址中，最具神秘感的就是那个由数块600多千克重的巨石围成的圆圈，类似于英国的巨石阵。在怪石圈中间修建着一个淡水喷泉。考古人员在怪石圈附近的一些石板上发现了一个个水杯状的标记，由此推断这个怪石圈可能是当时的人们用来举行求雨仪式的建筑。

水下怪石圈

英国的巨石阵

亚特利特雅姆古村对人类的意义

亚特利特雅姆古村的发现，证明了史前文明的存在。人类对史前文明所知甚少，很多考古学家和历史学家并不赞同将这些古文明遗迹写进人类历史，因为这与当下人们的历史观念不相符。但是，人类应该对这些神秘的古文明遗迹展开深入探索，从而客观、科学地认识历史真相。

回澜·拾贝

发现古村的第一人 1984年，以色列海洋考古学家埃胡德·加利利首次发现亚特利特雅姆古村。

渔业 考古学家对亚特利特雅姆古村遗迹上的物品研究后认为，当时的人们已经学会了使用渔钩，还会存储鱼类并进行交易。

荷马时代的港口—— 帕夫洛彼特里

在希腊最南端的一个海湾里，沉睡着一座古老的城市——帕夫洛彼特里。帕夫洛彼特里曾是希腊荷马时代重要的港口城市，也是已知的世界上最早沉没的城市之一。对于这座城市沉没的原因，科学家们至今没有定论。

发现海底古城

1967 年，英国海洋地质学家尼古拉斯·弗莱明潜入希腊南端的海域，发现了沉睡在海底的神秘古城。1968 年，弗莱明带领学生对这一神秘遗址进行了测量和研究。他们发现，遗址上到处散落着破碎的陶器。经过研究，这些陶器是公元前 1600 年到公元前 1100 年的古希腊迈锡尼文明时期的产物。于是，他们认为这一海底古城就是荷马时代的重要港口城市——帕夫洛彼特里。

迈锡尼文明

迈锡尼文明是希腊青铜时代晚期的文明，是爱琴文明的重要组成部分，因伯罗奔尼撒半岛的迈锡尼城而得名。公元前 2000 年左右，迈锡尼人开始在巴尔干半岛南端定居，经过几百年的发展，大约在公元前 1600 年建立王国。从约公元前 1200 年开始，迈锡尼文明呈现衰败之势。后来，多利亚人南侵，迈锡尼文明灭亡。

重新探索

在弗莱明发现海底古城后，人们并没有对帕夫洛彼特里展开更多的研究。直到 2009 年，英国考古学家乔恩·亨德森与希腊考古学家伊利亚斯·斯朋德利斯重新对帕夫洛彼特里古城展开探索和研究。他们利用激光定位技术和声呐扫描技术对该遗址进行了细致的探测，发现帕夫洛彼特里遗址其实比 1968 年弗莱明所发现的规模要大得多。考古学家们认为，帕夫洛彼特里曾经辉煌一时，可能是《荷马史诗》里许多故事的发生地点。

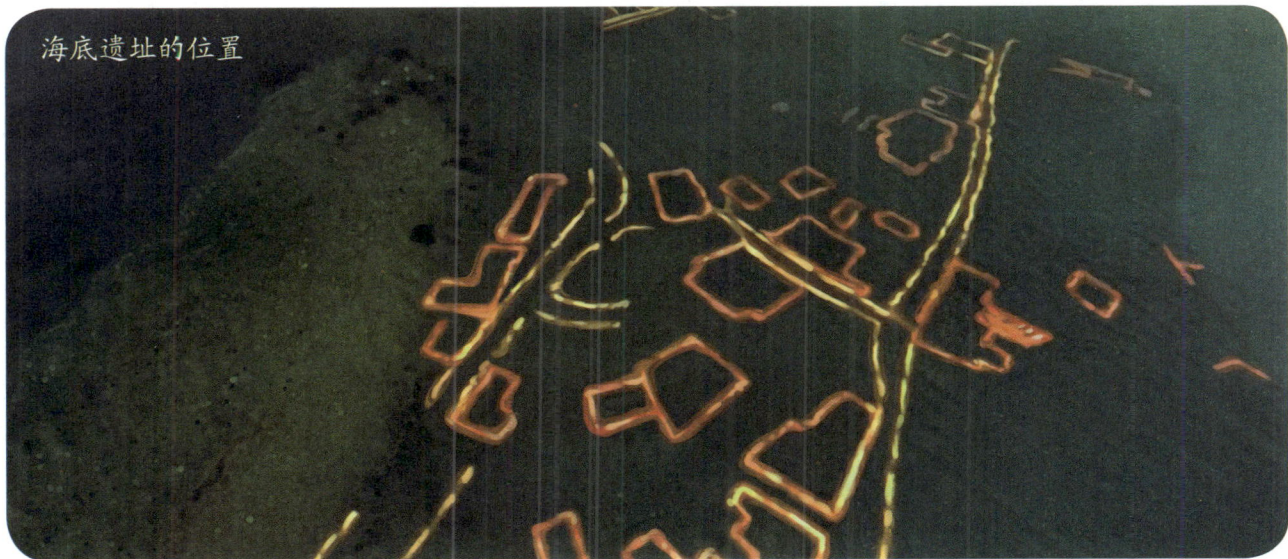

海底遗址的位置

古城为何沉入海底

为了探索帕夫洛彼特里沉于海底的原因，人们对海区附近的海岸线进行了仔细的研究，推断地质构造运动是导致古城沉入海底的直接原因。当然，这只是人们的一种假设。这座古城的沉没究竟是由地震引起，还是由其他灾难性事件引起，至今仍不能下定论。

回澜·拾贝

考古探索 在探索的过程中，考古学家们在帕夫洛彼特里遗址还发现了两块巨石墓碑、一个大型的会议礼堂和一些陶器。

考古学家的推断 英国考古学家乔恩·亨德森认为，帕夫洛彼特里市或许是古希腊拉哥尼亚王国的主要城市之一，可能有许多王室成员曾经居住于此。

价值连城的沉船——"阿托卡夫人"号

　　"阿托卡夫人"号是西班牙一艘著名的运金船。它装备完善，火力威猛，但在运送财宝的途中遭遇飓风，沉入深海。和"阿托卡夫人"号一同沉入海底的价值连城的金银财宝，吸引着人们对沉船展开了一次又一次的搜寻。

历史背景

　　16世纪初，西班牙殖民者入侵南美洲，统治了除巴西以外的广大南美地区，先后建立了秘鲁、新格拉纳达和拉普拉塔3个总督辖区，并且通过暴力推行各种奴役制度，强迫印第安人做无偿劳动，大肆开采南美洲的金银财富。

　　为了将这些财宝运到西班牙，一艘艘运金船派上了用场，"阿托卡夫人"号就是其中之一。为了防止海盗的突袭，"阿托卡夫人"号不仅采用了坚固的船身，还装备了火力威猛的大炮。

遭遇飓风袭击

　　1622 年 8 月，"阿托卡夫人"号与其他运金船组成了一支规模巨大的船队，计划将南美洲的财宝运回西班牙。由于"阿托卡夫人"号装备相对完善，殖民者把价值最高、数量最大的财宝放在了这艘船上。船队浩浩荡荡地出发了。"阿托卡夫人"号由于载重太大，只能缓慢地跟在队伍后面。船队航行到哈瓦那和古巴之间的海域时，海上突然刮起飓风，巨浪滔天，席卷了船队最后面的 5 艘船，"阿托卡夫人"号首当其冲。不一会儿，"阿托卡夫人"号带着价值连城的财宝一同沉入海底。其他船只上的水手马上跳下水，希望抢救出一些财宝。但是，就在他们准备打捞金条时，又一场更猛烈的飓风袭来，所有水下的人都在飓风中丧生。

寻找海底沉船

　　"阿托卡夫人"号沉入海底一事在民间广为流传。1985年，梅尔·费雪和家人经过30余年的探索，终于在海底找到了传说中的沉船，发现了那些数以吨计的黄金和宝石。

回澜·拾贝

　　海底宝藏　　"阿托卡夫人"号沉船上有40吨财宝，其中有将近8吨黄金、500多千克宝石，所有财宝的价值约为4亿美元。

　　寻找阿托卡　　费雪执着寻找"阿托卡夫人"号并且取得成功的故事，让"寻找阿托卡"成为美国的常用短语，用以表示坚持梦想必会成功之意。

梅尔·费雪

　　梅尔·费雪是一个美国富翁，自称是寻宝人。费雪曾经成立了一个专门打捞沉船的公司，主要在南加利福尼亚州附近的海域打捞西班牙沉船。在20多年的打捞生涯里，费雪先后打捞起6条赫赫有名的西班牙沉船。退休后，费雪和家人共同投入寻找"阿托卡夫人"号沉船的事业中，并且取得成功。

沉睡在海底的宝藏——"圣荷西"号

在哥伦比亚海岸附近的加勒比海中，沉睡着一艘载满金银财宝的船，这就是"圣荷西"号沉船。这艘船是西班牙的一艘大型帆船，船上装满珍宝。该船在18世纪被英国舰队击沉，沉船上的财宝至今仍下落不明。

战乱中出发的珍宝船

1708年，西班牙正与英国、荷兰等国处于敌对状态，海上战争随时都会爆发。在这样的情况下，"圣荷西"号依然决定返回西班牙。据说"圣荷西"号上载满了金条、银条、金币、金铸灯台等。据估计，这批宝藏的价值超过10亿美元。在船长的指挥下，"圣荷西"号缓缓从巴拿马起航，扬帆驶向西班牙。

被英国舰队击沉

"圣荷西"号帆船在风平浪静的海面上行驶了几天，并没有遇到敌国船舰，船长和船员们都放松了警惕。然而，有一天，人们惊恐地发现前方海域出现了一支英国舰队。还没等"圣荷西"号上的人们反应过来，英国舰队的炮火已经击穿了"圣荷西"号的甲板。海水渐渐吞噬了巨大的船体，"圣荷西"号连同600多名船员以及无数珍宝沉入海底。

宝物何去何从

　　"圣荷西"号被击沉后，由于当时国际局势紧张，海上争端不断，因而很长一段时间没有人对其深入搜寻。政局稳定后，"圣荷西"号上的珍宝吸引了一批批寻宝者对其进行探索。人们大致认为"圣荷西"号沉没在距哥伦比亚海岸约 10 千米的加勒比海 740 多米深的海底。哥伦比亚政府听到这一消息后，于 1983 年宣布"圣荷西"号是哥伦比亚的国家财产。哥伦比亚政府虽然对"圣荷西"号宣布了所有权，但一直没有展开打捞工作。因此，"圣荷西"号上的宝物何去何从，至今仍是一个未知数。

回澜·拾贝

韦格　英国著名的海军将领，于 1708 年率领舰队击沉"圣荷西"号。

西格维亚　曾任哥伦比亚公共事务部部长，于 1983 年宣布"圣荷西"号属于哥伦比亚。

充满争议的沉船——"苏塞克斯"号

"苏塞克斯"号是英国皇家海军舰队的一艘舰船，在直布罗陀海峡遇上海上风暴，沉入海底。根据文字记载，当时"苏塞克斯"号上运载了大批金银财宝。但是，对于沉船的打捞权，英国和西班牙却各执一词，引发了争议。

肩负使命的船

17世纪，法国国王路易十四野心勃勃，大肆进行海上扩张。为了对抗法国，英国联合西班牙、荷兰等国，与法国展开了激烈的海权争夺战争。在这场战争中，萨伏伊公国的地理位置十分重要。英国和法国都意图将其拉拢入伙以扭转战局。

1694年，英国派"苏塞克斯"号等舰船组成的舰队前往地中海，执行支援英国部队和拉拢萨伏伊公爵的使命。当时，"苏塞克斯"号上配有数百名船员，装备了80门大炮，还运载了10吨左右的金币。然而，舰队途经直布罗陀海峡时突然遭遇风暴袭击，"苏塞克斯"号载着满船的金币沉入海底，英国的拉拢计划失败。

搜寻海底宝船

英国政府对"苏塞克斯"号的沉没非常不甘心，通过多种方式搜寻它的踪迹，但一直没有什么收获。直到 1995 年，奥德塞公司对这艘沉船产生了浓厚的兴趣，并且在 1998 年与英国皇家海事博物馆签订协议，在直布罗陀海峡附近海域开始打捞工作。

奥德塞公司与英国政府的协议

奥德赛公司与英国政府约定，如果打捞出来的财宝价值在 2800 万英镑以下，奥德赛公司可得到 80%；如果超过 2800 万英镑，双方各得 50%；一旦财宝价值达到 3.19 亿英镑，英国政府则要获取 60%。

取得新发现

经过探索，奥德赛公司在海底发现了一艘沉船，并且启用电子机器人潜入水下对沉船进行拍照和取样。经过 3 年多的努力，奥德赛公司打捞出一门船尾大炮、几颗炮弹以及一些铁枪。同时，根据电子机器人拍摄的录像，考古学家们认为奥德赛公司在直布罗陀海峡发现的沉船就是"苏塞克斯"号，并且将这一重要信息上报给英国国防部。

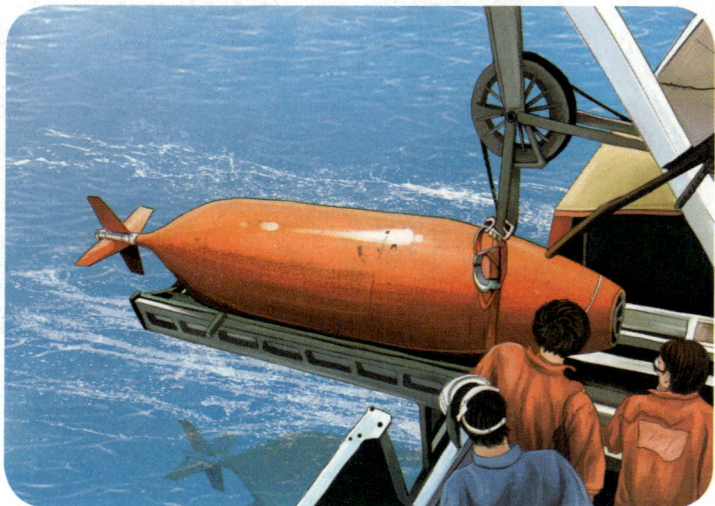

打捞受阻

奥德赛公司取得新进展后，信心大增，准备正式开始打捞沉船。谁知西班牙政府突然作出干预，认为沉船所在地属于西班牙海域，任何打捞行动都需要经过西班牙政府批准。西班牙对奥德塞公司提出警告：在沉船的真实国籍没有明确前，沉船都受西班牙政府保护。如果有人擅自打捞，西班牙会将其驱逐出境，甚至将其逮捕。

争议焦点

英国对于西班牙限制打捞沉船的行为非常不满。英国国防部认为：沉船位于公海海域，根据国际公约，如果沉没的是战舰，那么其归属国理应拥有打捞权，而且沉船样品证明直布罗陀海域的沉船就是"苏塞克斯"号，因此西班牙政府限制打捞是无理取闹。两国互不相让，沉船只好暂时静卧海底。

回澜·拾贝

奥德塞公司　美国的著名海上探险公司，总部在佛罗里达州，曾成功打捞过沉入海底的飞机、客轮以及古船，曾因打捞出古迦太基沉船"美喀斯"号而闻名世界。

直布罗陀海峡　位于西班牙最南部和非洲西北部之间，是连接地中海和大西洋的重要门户。

满载中国珍宝的沉船
——"巴图希塔姆"号

人们传说在东南亚海域的海底有一艘满载珍宝的沉船。德国人蒂尔曼·沃尔特法恩根据传说，在海底找到一艘满载中国珍宝的沉船，将其命名为"巴图希塔姆"号沉船。

价值连城的沉船

蒂尔曼·沃尔特法恩原在德国一家水泥厂工作，偶然听印度雇员说起东南亚海底有一艘价值连城的沉船。沃尔特法恩带着潜水设备与那名印度雇员一起来到加里曼丹和苏门答腊岛之间的水域，几经搜寻，在海底发现了载满古代珍宝的沉船。他们共收获了6万多件价值连城的物品，包括蓝、黄、白三色的精美陶瓷制品、数十个刻着浮雕的银质餐具、大量金质餐具、古老的铜镜等。这些宝物让沃尔特法恩摇身一变成为富翁。

考古研究

经考古学家研究，这艘约27米长的沉船由印度和非洲木材建造而成。他们由此推断，这艘船应该属于某个阿拉伯国家。考古学家研究了沉船上打捞到的物品，证实这些珍贵物品大部分是8—9世纪时由中国制造的。综合这些资料，考古学家推断"巴图希塔姆"号是一艘来往于中国和阿拉伯国家的商船，在航行至东南亚海域时遇到暴风袭击，沉入海底。

回澜·拾贝

刻字的瓷釉碗　沉船上打捞出两个刻字的瓷釉碗，为研究中国的海上贸易历史提供了新资料。

珍宝现状　"巴图希塔姆"号上打捞到的珍贵文物现在被保存在新西兰。

历史意义　"巴图希塔姆"号沉船上的中国珍宝，证明了中国在1200多年前就开始了与其他国家之间的海上贸易。

沉睡海底的南宋古船——"南海一号"

　　"南海一号"是南宋时期沉没的一艘木质商船。这艘商船在中国广东省阳江市两海海域沉睡 800 多年后，终于被人们发现。船上的珍贵文物为研究海上丝绸之路的历史提供了十分难得的资料。

意外惊喜

　　1987 年，广州救捞局与英国的海上探险和救捞公司在上川岛、下川岛海域寻找东印度公司沉船"莱茵堡"号时，意外发现了沉没在海底的一艘古代沉船，并打捞出一批珍贵文物。专家当时将这艘船命名为"川山群岛海域宋元沉船"。20 世纪 90 年代初，中国水下考古事业创始人俞伟超将这艘船正式命名为"南海一号"。

价值无法估量的古船

　　在"南海一号"没有被打捞出水之前，人们就对它的价值进行了高度的赞誉，称之为"海上敦煌"，甚至还有人认为古船"价值可与兵马俑相媲美"。这些说法也许是夸大其词，但至少能够说明这艘沉船确实有着非常重要的价值。

古船出水

1989 年，中国考古队伍联合日本水中考古学研究所正式开始对"南海一号"进行研究。考古过程艰难漫长，但收获颇多，从海底陆续打捞出的珍贵文物让人们大开眼界。直到 2007 年 12 月 22 日，沉睡了 800 多年的"南海一号"被成功完整地打捞出水，并且入住豪华的"水晶宫"。为了进一步研究古船，2013 年 11 月，考古人员对古船进行了全面的发掘工作。2015 年，古船表面的淤泥、海沙等凝结物被清理掉，船舱内 6 万多件宝物重见天日。

水晶宫

水晶宫是广东海上丝绸之路博物馆的一部分，是博物馆专门为"南海一号"建造的"豪宅"。水晶宫内水的水质、温度及环境都与"南海一号"所在位置的海底情况基本一致。游客可以通过透明的墙壁观看水下考古工作者潜水进行海底研究的示范表演。这在世界上同类主题的博物馆中是独一无二的。

精致的瓷器

"南海一号"上运载最多的就是陶瓷制品，目前发掘出水的保存完好的瓷器已有数千件，品种超过 30 种，汇集了德化窑、磁灶窑、景德镇、龙泉窑等宋代著名窑口的陶瓷精品，部分瓷器还具有明显的异域特色，如具有浓厚阿拉伯风情的喇叭口的大瓷碗和棱角分明的酒壶。这些瓷器大都价值连城。

闪亮的黄金饰品

目前，"南海一号"上打捞的最抢眼、最有派头的一类文物非黄金饰品莫属，如金手镯、金腰带、金戒指等。这些黄金饰品虽然在水里沉睡了几百年，但大多没有生锈，依旧闪闪发亮。它们的大气更是让人大开眼界：鎏金手镯比饭碗口径还要大，粗度比一般成人的大拇指还要粗；鎏金腰带长 1.7 米，重量在 0.5 千克以上。

货 币

"南海一号"作为一艘商船，当然少不了货币。考古人员在"南海一号"的沉船点发现了上万枚铜钱，其中年代最古老的是汉代的五铢钱，年代最晚的是宋代的绍兴元宝。透过这些货币，我们可以想象中国当时国力的强盛以及海上丝绸之路的繁荣景象。

五铢钱

五铢钱是中国古代钱币史上使用时间最长的货币，也是用重量作为货币单位的钱币。

绍兴元宝

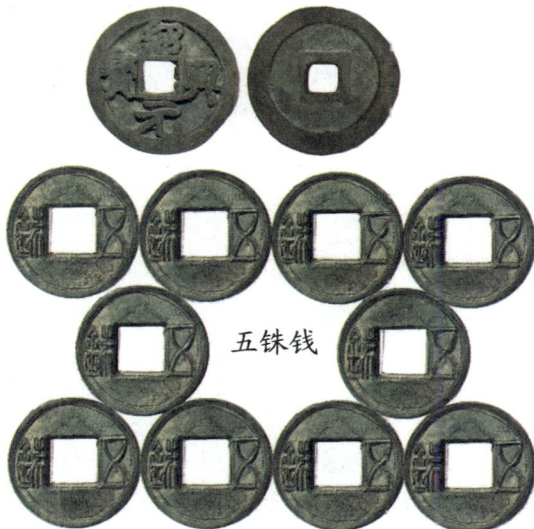

五铢钱

铁器与铜器

在"南海一号"的船舱里，考古人员发掘到两样比较大宗的东西——一摞一摞的铁锅和一捆一捆的铁钉。这些铁制品因受到腐蚀，大部分已经生锈变成铁疙瘩。除了铁器，考古人员还找到一些打磨粗糙的铜环、铜珠等铜器，推断这些铁器和铜器都是欲通过海上丝绸之路运送到海外的商品。

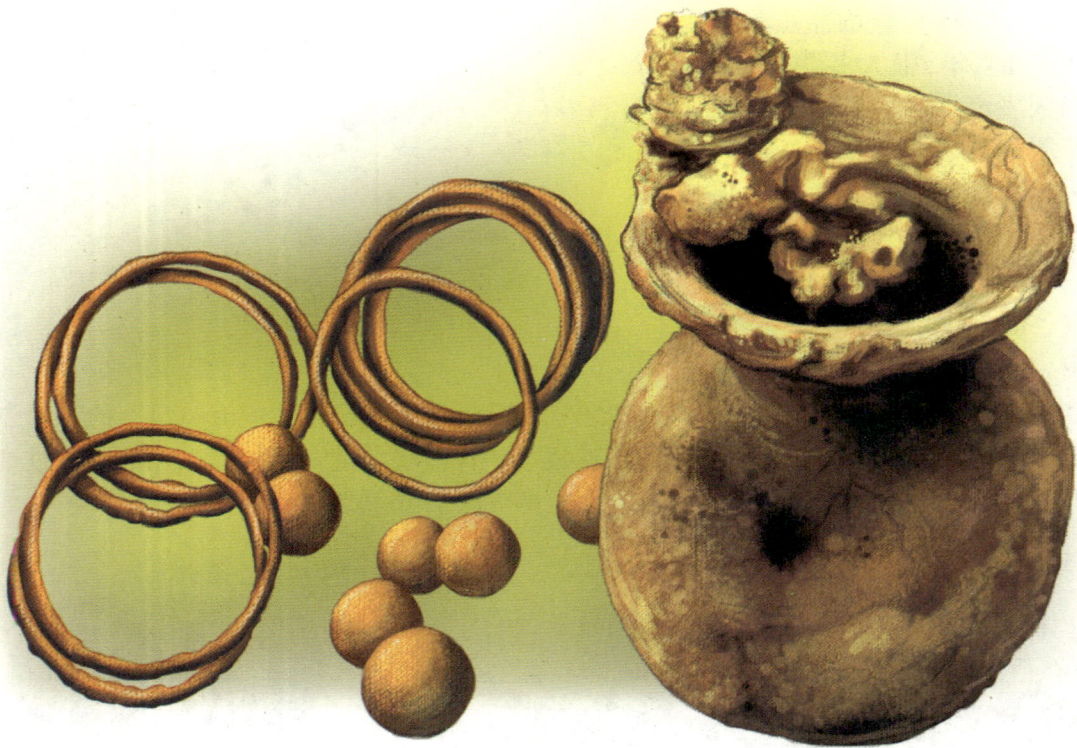

回澜 · 拾贝

海上丝绸之路　　海上丝绸之路在汉代就有了记载，是指当时中国商船从广东、广西等地的港口出海，沿中南半岛东岸航行，最后到达东南亚各国所航行的路线。

俞伟超　　中国著名的考古学家，"南海一号"的命名人，曾任中国历史博物馆馆长、中国考古学会副理事长。

坚固的船体　　"南海一号"虽然在海底沉没了800多年，但是船体保存完好，让人惊叹。

PART 4

海底科考

　　自古以来，人类就对幽深的海洋充满好奇和向往。随着科技的发展，人们借助潜水装备潜入海底，揭开了海底世界的神秘面纱。

与海洋的亲密接触——潜水

人类对海洋充满好奇，总设想能够像鱼一样畅游海底。经过不断的探索和尝试，人类已可以借助设备潜入海洋，完成一些水下活动。随着社会的发展，潜水逐渐成为一项娱乐运动，受到很多人的青睐。

潜水事业的发展

2800多年前，阿兹里亚帝国的军队为了与敌军战斗，利用充气的羊皮袋潜入水里，展开攻击。这应该是最早的潜水记录。根据文字记载，1700多年前，中国渔夫掌握了潜入海里捕鱼的技能。160多年前，英国人郭蒙贝西发明了从水上接气泵运送空气的机械潜水方式，为现代潜水的发展打下基础。1924年，人们将"面罩式潜水器"运用到潜水中，这是水肺潜水器材的前身。后来，人们不断创新，研制出水肺潜水器材。二战时期，军用的"空气罩潜水器"出现，配备了空气瓶装置。近几年，随着科技发展，潜水器材越来越先进，潜水运动逐渐蓬勃发展起来，成为深受人们喜爱的娱乐运动之一。

潜水分类

　　潜水可分为专业潜水和休闲潜水。专业潜水是专业潜水人员进行的潜水活动，主要是为了进行水下勘查、打捞、修理和水下工程等作业。休闲潜水是人们进行的休闲娱乐活动，主要是为了领略奇异的海洋世界，提高并改善人体的心肺功能。马来西亚、泰国、澳大利亚附近海域和红海等海域都是休闲潜水的优良海域。

潜水装具

　　潜水装具是指潜水员潜水时穿戴和佩挂的装具，分为轻装式和重装式两种。轻装式有面罩、输气管、通信电缆、电话、应急气瓶、潜水衣、腰铅、靴和脚蹼等；重装式有头盔、输气管、通信电缆、电话、潜水衣、压铅和铅底潜水鞋等。重装式潜水设备因为不利于水下操作，而且容易发生危险，所以逐渐被轻装式潜水装备取代。

回澜·拾贝

　　蛙人　　指潜水员。潜水员戴着防水面罩，穿着脚蹼在水下活动的样子像青蛙，所以被称作"蛙人"。

　　自由潜水　　自由潜水就是不携带气瓶而尽可能深地潜入海中的潜水方式。

潜水器的出现

人类虽然借助简单的设备进入了海洋世界，但简单潜水通常只能到达一定深度的海区，观察范围有限。为了探索更多关于深海世界的秘密，科学家们不断研究和创造。随着科技的发展，能够深入海洋的潜水器出现了。

寻宝用的潜水装置

人们为了探寻海底的沉船和宝物，制造了能够潜水的简单装置。16 世纪，意大利人塔尔奇利亚发明了木质的球形潜水器。18 世纪，英国人哈雷设计了第一个有实用价值的潜水器。这些潜水器都没有动力装置，通过管子和绳索与水面上的船舶保持联系。

人们对深潜装置的探索

20 世纪后，人们研究设计了多种以科学考察为目的的深潜装置。1948 年，瑞士的皮卡德制造出"弗恩斯三号"深潜器。该潜水器可以下潜到约 1370 米的深海，拉开了深潜的序幕。随后，经过改进和发展，皮卡德和他儿子造出了著名的"的里雅斯特"号深潜器。

雅克·皮卡德

科学世家

瑞士的皮卡德家族是一个著名的科学世家。雅克·皮卡德是瑞士著名的深海探险家及发明家，发明并且改进了深海潜水器。他的父亲是第一个飞上 1.5 万米高空的人，他的儿子是第一个乘热气球连续成功环游地球的人。

"的里雅斯特"号深潜历程

　　"的里雅斯特"号深潜器由皮卡德与他的儿子共同设计建造，长 15.1 米，宽 3.5 米，最多可载 3 名科学家。1953 年，皮卡德父子驾驶"的里雅斯特"号初次潜海时，潜入 1088 米深的海底，第二次到达 3048 米处，创下了深海潜水的新纪录。1953 年 9 月，皮卡德父子第三次驾驶"的里雅斯特"号进行潜海探索，下潜到 3150 米的海底深处。

高性能潜水器

　　20 世纪 60 年代，潜水器有了进一步的改进，配备了高性能的仪器设备，水下作业能力有了很大提高。20 世纪 70 年代，带有调压舱的潜水器出现了，这可以让潜水员通过调压舱自由上浮下潜。在这一时期出现的还有转移型潜水器，可以在水下与其他潜水器对接，转移人员或输送物资。随着科学技术的发展，潜水器的性能得到了很大的改进和提高。

"蛟龙"号

    "蛟龙"号潜水器是中国自行设计、自主建造的新型深海载人潜水器。该潜水器长 8.2 米、宽 3.0 米、高 3.4 米，可执行深海探矿、海底地形测量、可疑物探测与捕获、深海生物考察等任务。2012 年，"蛟龙"号载人潜水器在马里亚纳海沟试验海区下潜至 7062 米，创造了世界同类作业型潜水器的最大下潜深度纪录。

深海载人潜水器

    据了解，全世界有 10 多个国家在建造和使用潜水器，但目前拥有深海载人潜水器的只有美国、法国、俄罗斯、日本和中国 5 个国家。

"深海 6500" 号潜水器

日本"深海 6500"号潜水器是日本下潜深度最大的潜水器。这艘潜水器于 1989 年研制成功，曾下潜到 6527 米深的海底。"深海 6500"号载人潜水器具有很高的技术水平，装备着先进的声呐系统、摄像机、电视系统、机械手以及自动测量仪器等先进设备。它可以在深达 6500 米的海底进行作业，连续工作时间在 6 小时以上。"深海 6500"号潜水器自投入使用以来已下潜了 1000 多次，对海底地质以及地震、海啸等都进行过地理调查和研究，并且取得了显著的成果。

"和平"号潜水器

1987 年，苏联和芬兰两国共同合作建成"和平 1"号和"和平 2"号潜水器。这两艘潜水器属于 6000 米级深海载人潜水器，外形尺寸和重量都比较小。它们的最大特点就是电池容量大，电能充足，可以在水下停留 17 ~ 20 个小时。"和平"号潜水器在太平洋、印度洋、大西洋和北极海底进行了上千次科学考察，成功完成了多项科学研究任务。

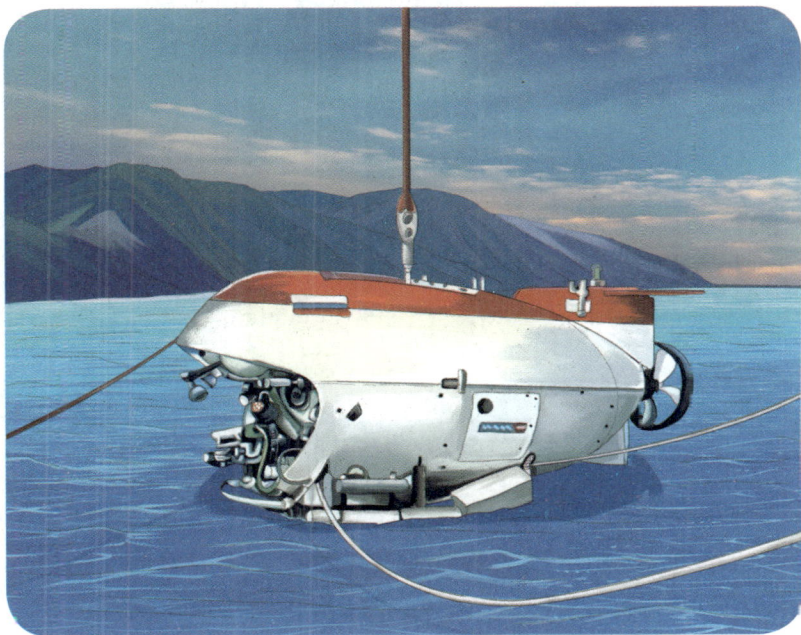

潜水器的高科技装备

随着科技的进步，人类发明了水下机器人、水下电视等先进设备。水下机器人可以用于海底搜救、管道检查、能源探测、考古等领域；水下电视主要用于拍摄和记录水下目标。人类将这些先进的设备与潜水器结合使用，从而能够更轻松地认识海底世界，勘探海底资源。中国考察队曾利用水下机器人在海底观察到巨大的黑烟囱，并且用机械手抓取了重要的黑烟囱口矿物质样品。

回澜·拾贝

深潜之冠　　1960年，"的里雅斯特"号深海潜水器成功下潜到万米以下的马里亚纳海沟深处，创造了当时世界最深潜水纪录。

潜水飞机　　美国正在研发的潜水飞机是一种新型武器，既可以像潜艇一样在水里前进，又可以冲出水面像飞机一样飞行。

自航式载人潜艇 ——"阿尔文"号

"阿尔文"号深海潜艇是 20 世纪 60 年代美国建造的一艘深海自航式载人潜水器。这艘潜艇服役后，一直为海洋科学考察工作提供帮助，取得了诸多重要的成果。

构想者阿尔文

阿尔文是伍兹霍尔海洋研究所的一名海洋学家。20世纪30年代，在还是一名物理学研究生时，阿尔文就首先提出了深海潜艇的设想。随后，阿尔文四处奔走，游说海军和政府投资建造深海潜水器。在阿尔文的努力下，一艘高性能的潜水器建造出来了。这艘潜水器在初次下水时被命名为"阿尔文"号。

最初的"阿尔文"号

"阿尔文"号潜艇由美国机械师哈罗德设计而成，于 1964 年正式建成下水。最初的"阿尔文"号潜艇比现在的"阿尔文"号结构简单，主要部件是一个钢制的载人圆形壳体，只有最基本的下潜装置，可以乘坐一名驾驶员和两名观察员，不能进行复杂的海底作业，下潜深度只有 1868 米。

海底搜寻氢弹

1963 年，美国空军进行训练时，一架装载有氢弹的飞机在西班牙东海岸坠毁，引起西班牙民众的不满。美国政府迅速出动海军部队搜索坠落的氢弹。在深海搜索期间，新建成的"阿尔文"号派上了用场。经过连续十几天的搜索，"阿尔文"号在 850 米深的海底找到了给西班牙民众造成恐慌的氢弹。

沉没海底

1968 年，"阿尔文"号准备在美国科德角附近海域执行下潜任务。在下潜过程中，操控"阿尔文"号潜艇的钢缆断裂，"阿尔文"号潜艇沉入 1500 多米深的海底。"阿尔文"号潜艇在漆黑的海底停留了将近 11 个月才被打捞上来，虽然部分受到损伤，但整体仍然保存良好。

全新改造

1972 年，"阿尔文"号潜艇换成了新的钛金属壳体，总重约为 17 吨，提高了对海底巨大压力的承受能力，从而可以下潜到 4500 米深的海底。改造后的"阿尔文"号潜艇有 5 个水力推进器驱动，还安装了由铅酸电池供电的先进供电系统，同时配备了其他一些高科技装置。装备完善的"阿尔文"号潜艇可以停留在海底完成一些科考任务。

工作中的"阿尔文"号

"阿尔文"号潜艇的平均下潜深度为 2000 米左右。正常情况下，"阿尔文"号潜艇可以在水中作业约 8 个小时，其中 4 个小时用于下潜和返航，另外 4 个小时用来进行海中作业。如果遇到突发情况，"阿尔文"号潜艇的生命保障系统可以保障潜艇中的工作人员在水下生活 72 个小时左右。

巨大成就

　　"阿尔文"号潜艇服役后，为人们探索海洋提供了巨大的帮助。这艘潜艇执行过5000多次洋底探测计划，运送12000多名乘客到达深海，取回超过680千克的海洋样品，成就显著。在"阿尔文"号潜艇的帮助下，人们在大西洋和太平洋中已发现24处以上有热液涌出的地点，还发现并记录了约300种海洋新物种。

回澜·拾贝

　　第一艘载人深海潜艇　　"阿尔文"号是世界上第一艘可以载人的深海潜艇。
　　考察泰坦尼克号　　20世纪80年代，"阿尔文"号潜艇参与了泰坦尼克号的搜寻和考察工作，获取了大量珍贵的数据和图像资料，并因此登上了美国《时代》周刊的封面。

核动力潜艇——"鹦鹉螺"号

美国的"鹦鹉螺"号核动力潜艇是世界上第一艘以核动力驱动的潜艇,开创了核动力潜艇的新纪元。该艇于1952年开工建造,1954年正式服役。服役期间,"鹦鹉螺"号曾在冰层下穿越北极,成为世界上第一艘到达北极点的船只。

海曼·乔治·里科弗

核动力潜艇的萌芽

1801年,美国人富尔顿建造了以风帆为动力的"鹦鹉螺"号潜艇。随着核动力技术的发展,物理学家菲力普·艾贝尔森在第二次世界大战期间首次提出以核能作为潜艇动力的观念,并且得到美国海军上将海曼·乔治·里科弗的大力支持。在里科弗的大力主张下,1951年,美国海军部正式宣布要建造一艘核动力潜艇,并命名为"鹦鹉螺"号。

建造过程

在里科弗的筹备和领导下，1952 年 6 月 14 日，在美国康涅狄格州的格罗顿造船厂，"鹦鹉螺"号潜艇的龙骨铺设仪式隆重举行。1953 年，科研人员开始进行核反应堆满功率试验。试验结果表明，"鹦鹉螺"号核动力潜艇具备了横渡大西洋的能力。1954 年，"鹦鹉螺"号成功下水，正式服役，世界上第一艘核动力潜艇就此诞生。

先进的装备

"鹦鹉螺"号潜艇比旧式潜艇庞大很多，长 97.5 米，宽 8.4 米。该艇以核动力为驱动，航速比当时的普通潜艇快很多，平均航速为 20 节，最高航速达 25 节。不仅如此，它还可以在最大航速下连续航行 50 天而不需要加任何燃料。同时，潜艇上特有的声呐装置可以精确地探知海底路况，避免触撞礁石的危险。

打破世界纪录的初航

　　"鹦鹉螺"号刚服役时，停在码头进行继续建造和测试。直到1955年，"鹦鹉螺"号才正式启程出海航行。航行过程中，"鹦鹉螺"号以完全潜航的方式自美国新伦敦航行到波多黎各的圣胡安，在不到90个小时的时间里完成了2223千米的航程，打破了当时潜艇最长潜航距离的世界纪录。

极地挑战

　　1958年6月，"鹦鹉螺"号从美国西雅图港口出发，开始代号为"阳光行动"的极地航行挑战。历经两个月时间，"鹦鹉螺"号在1958年8月3日抵达北极点，随后继续在冰下航行，最后到达格陵兰岛东北外海，以潜航的方式成功穿越北极。这次挑战使"鹦鹉螺"号成为世界上第一艘到达北极点的深海潜艇。

完成服役

1979 年春天，"鹦鹉螺"号自美国格罗顿起航，开始了它最后一个航程。1979 年 5 月，"鹦鹉螺"号航行至加利福尼亚州巴耶霍的梅尔岛海军造船厂。1980 年 3 月，"鹦鹉螺"号完成了服役使命，在美国的海军船只名册上注销。

核潜艇博物馆

"鹦鹉螺"号开创了核动力潜艇的新纪元。为了铭记它的重要成就，美国政府在 2002 年将它改造为潜艇历史博物馆。"鹦鹉螺"号现停放在新伦敦美国海军潜艇基地附近海域，供游客前往参观。2004 年，"鹦鹉螺"号潜艇由美洲核能协会指定为美国"国家核能古迹"。

回澜·拾贝

命名　"鹦鹉螺"号核潜艇是为了纪念儒勒·凡尔纳著名科幻小说《海底两万里》中的"鹦鹉螺"号潜艇而命名的。

坚固　"鹦鹉螺"号在历次演习中共遭受 5000 余次攻击，仅被击沉 3 次，其坚固程度可想而知。

缺点　核潜艇虽然先进，但也存在着技术复杂、造价昂贵、只适合在深海使用的缺点。

中国骄傲——"蛟龙"号

"蛟龙"号载人潜水器是中国第一台自主设计研制的深海载人潜水器，长 8.2 米，宽 3.0 米，高 3.4 米。它设备先进，应用领域广泛，完成了多项深海科考项目，取得了一系列重要的研究成果，为中国的深海科考事业作出了巨大的贡献。

"蛟龙"问世

为了推动中国深海运载技术的发展，中国科技部在 2002 年启动了"蛟龙"号载人深海潜水器的自行设计研制计划。在国家海洋局的组织安排下，由中国大洋协会联合全国 100 多家科研机构与企业共同展开研制工作。经过 6 年左右的努力，"蛟龙"号深潜器诞生了。

优越的自航能力

"蛟龙"号深潜器可以进行定向、定高、定深 3 种自动航行，使潜航员可以轻松进行深海科研。自动定向航行时，"蛟龙"号会按照潜航员设定的方向自动航行；自动定高航行时，"蛟龙"号可以与海底保持一定高度，在海底起伏不平的复杂环境中自由航行，不会出现碰撞；自动定深航行时，"蛟龙"号会与海面保持固定的距离，自主航行。

独特的深海定位功能

　　"蛟龙"号在海底发现目标后，不需要像其他深海潜水器那样停在海底进行作业，而是可以在与目标保持一定距离的位置稳稳停住。即使在海底会受到洋流等因素的干扰，"蛟龙"号也能精确地进行悬停，使机械手能够轻松地在海底进行作业。

先进的声呐通信技术

　　"蛟龙"号执行海底探测任务时，需要潜入数千米的深海。在这样的环境中，陆地通信常用的电磁波毫无用武之地。为了让"蛟龙"号与水上船只保持联系，科学家采用了世界领先的声呐通信技术。即使位于7000米的深海，"蛟龙"号也能与水面进行有效的信息交流。

潜水记录

　　2010年，"蛟龙"号在中国南海3000米级深潜试验中最大下潜深度达到3759米，创造了在水下作业超9小时的纪录。2011年，"蛟龙"号在东太平洋5000米级海试中最大下潜深度为5180米，实现了中国载人深潜技术的新突破。2012年，"蛟龙"号在马里亚纳海沟试验海区开始7000米级海试，创造了下潜7062米的世界纪录，成为当时世界上潜水深度最大的作业型深海载人潜水器。

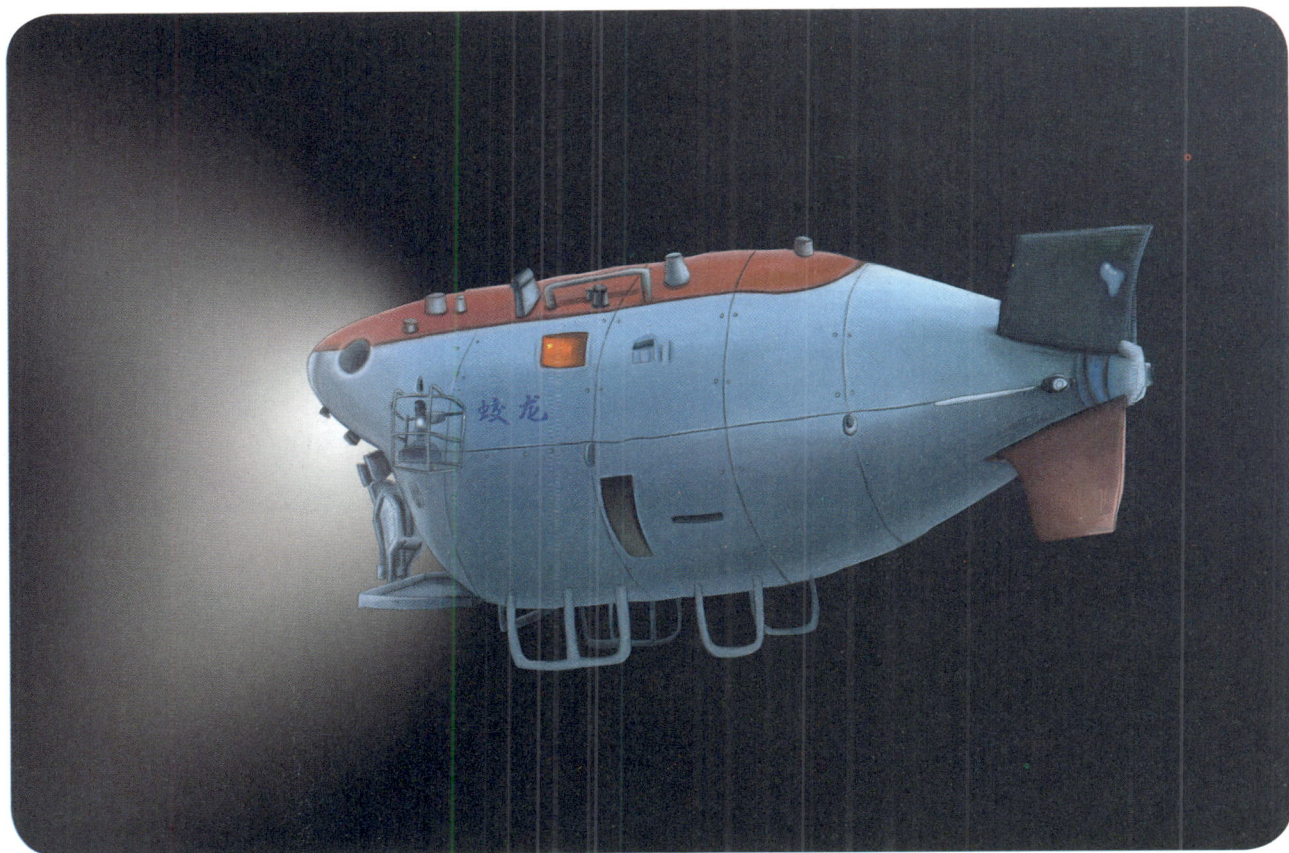

探索印度洋

2014 年 12 月，"蛟龙"号在印度洋首次执行科学应用下潜。2015 年 1 月，"蛟龙"号首次在西南印度洋执行热液区科考任务，下潜的最大深度为 2835 米，采集了海底热液区构造带岩石、高温热液流体，取得了完整的低温"烟囱体"样品，还发现了未知种类的生物。这些成果对开展海底热液区研究有重要的科学价值。

发现神秘生物

"蛟龙号"在西南印度洋热液区进行深海探测时，在温度约为 379℃ 的热液喷口群附近发现了两种从未见过的生物，其中一种为透明体生物，另外一种为约 30 厘米长、直径达 3 厘米的粉色生物。科学家尚不知它们是什么生物。

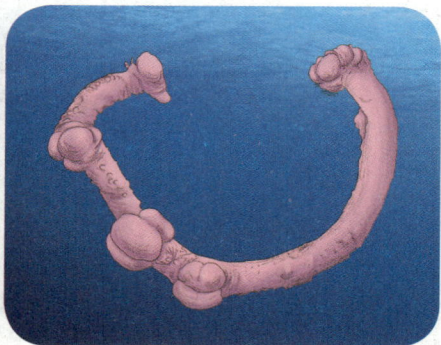

高科技系统

"蛟龙"号上配备着先进的通信系统，可以分析水面船只发送的信息，实现潜水器与水面船只的互动。

回澜·拾贝

应用　"蛟龙"号能够执行水下设备定点布放任务，进行海底电缆和管道的检测等复杂作业，还可以通过摄像、照相等技术对多金属结核资源进行勘探。

薄壳结构　"蛟龙"号的外壳由钛合金制成，形状像鸡蛋，名为"薄壳结构"。这样的结构使得"蛟龙"号可以承受巨大的压力，能够执行深海航行任务。

探索更深的海底——深海钻探

为了探索更深的海底，科学家们对大洋和深海海区展开了钻探。深海钻探获取了丰富的海底样品和测量资料，为科学家们研究大洋地壳和海底资源提供了有力的帮助。

深海钻探的萌芽

1957年，美国科学家提出用深海钻孔技术穿过莫霍面，对地幔的结构进行研究，这就是"莫霍计划"。该计划虽然未能实施，但为随后的深海钻探计划提供了宝贵的经验。1964年，美国斯克里普斯海洋研究所联合一些科学研究单位组成"地球深层取样联合海洋机构"，提出深海钻探计划。为了论证这一计划的可行性，科学家们于1965年在美国东海岸的布莱克海台开展了试钻试验，取得圆满成功，拉开了深海钻探的序幕。

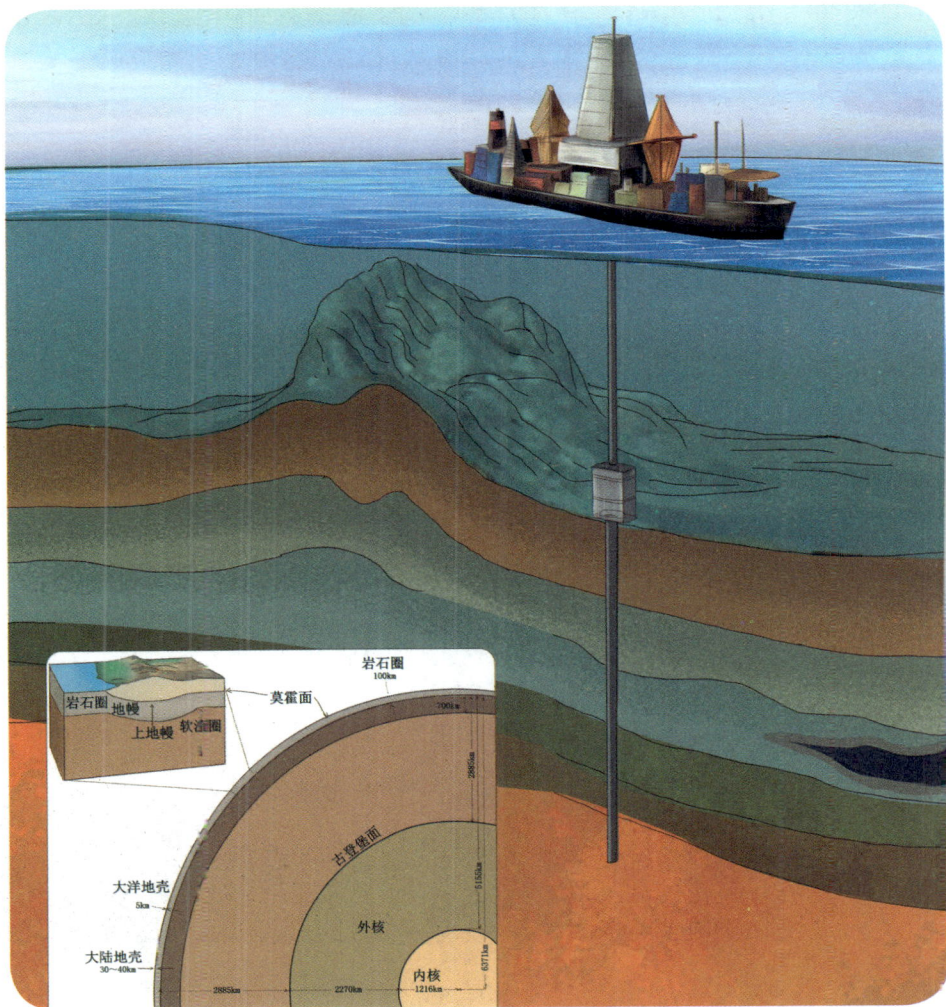

岩石圈 地幔 上地幔 软流圈
岩石圈 100km
莫霍面
700km
古登堡面
大洋地壳 5km
外核
2885km
大陆地壳 30~40km
内核 1216km
5155km
6371km
2885km 2270km 1216km

国际合作时代

1968 年，美国的"格洛玛·挑战者"号深海钻探船首航墨西哥，深海钻探计划正式开始，并且取得了显著成果。美国深海钻探的成功，吸引了苏联、联邦德国、法国、英国、日本等国相继加入地球深层取样联合海洋机构。深海钻探计划进入国际合作的新时代。

"格洛玛·挑战者"号

"格洛玛·挑战者"号是美国一艘性能优异、技术设备先进的深海钻探船。从 1968 年 8 月至 1983 年 11 月，"格洛玛·挑战者"号完成了 96 个航次，钻探站位达 624 个，航程超过 60 万千米，回收岩芯 9.5 万多米，为深海钻探计划作出了巨大贡献。

中国加入深海钻探队伍

　　1985年，中国科学家提议加入深海钻探队伍。但是，由于资金限制，这一提议在1996年才获得国家批准。1997年，中国正式加入深海钻探队伍。随后，国际深海钻探组织批准了中国科学家提出的南海大洋钻探建议。1999年春，中国实现了首次深海科学钻探。这次深海钻探收获颇丰，采集了5000米深处的深海岩芯，探测到西太平洋区长期沉积记录，取得了多种创新成果，使中国进入国际深海研究的前沿。

"地球"号

　　"地球"号是日本制造的世界最大的深海钻探船，船体长210米，宽38米，中央建有挖掘高台，从船底到高台顶端全高达130米。"地球"号能够进行大深度钻探作业，曾创下在7740米深的海底钻探的纪录。

"乔迪斯·决心"号

　　"乔迪斯·决心"号是美国一艘比较先进的深海科学钻探船。该船长 143 米，钻塔高 61 米，船上备有可供 50 位学者同时使用的大型实验室。"乔迪斯·决心"号综合性能较好，可以在高纬冰山海域进行钻探作业，最大钻探水深达 8235 米，可在海底以下钻进 2000 多米，曾参与南海第二次大洋钻探。

回澜·拾贝

　　意义　　深海钻探让人们了解了深层地质结构，为海底扩张学说和板块构造学说提供了依据，帮助人们探索到更丰富的海底资源。

　　综合大洋钻探计划　　综合大洋钻探计划有助于进一步探索海底资源，揭示地震机理，探明深海生物圈，为地球系统科学的研究提供帮助。

　　南海第二次大洋钻探　　2014 年，在中国科学家的主导下，"国家大洋发现计划" 349 航次从香港起航，对南海实施第二次大洋钻探，取得了圆满成功。

PART 5

海底空间利用

　　海洋广袤浩瀚，拥有广阔的海底空间。人们巧妙地对海底空间加以利用，在海底铺设了通信光缆，开通了海底隧道，促进了不同地区人们的沟通。随着科技的进步，人们还建造了海洋空间站、水下实验室，在海洋中开辟出了一片新天地。

在海底传输的信号——海底光缆

　　海底光缆又称"海底通信电缆"，是铺设在海底的导线，用于传输电话和互联网信号，完成不同国家和地区之间的电信交流。海底光缆由海底电缆发展而来，自投入应用以来为世界带来了翻天覆地的变化。但是，海底光缆在铺设和维修的过程中面临着很多问题，需要科学家们进一步探索解决。

海底电缆

　　1850 年，盎格鲁—法国电报公司铺设了一条穿越英吉利海峡的电缆，连接了英国和法国。这条电缆只能发送莫尔斯码。直到 1851 年，真正的电缆才被架设起来，并于 1852 年将大不列颠和爱尔兰连接在一起。1866 年，英国铺设了跨大西洋的海底电缆，使欧美大陆能够跨越大西洋进行电报通信。1876 年，贝尔发明电话后，海底电缆用以传输电话通信，得到大规模发展，为海底光缆的发展奠定了坚实基础。

1866 年，英国铺设海底电缆。

光纤技术的应用

在海底电缆迅猛发展的同时，光纤技术取得新的突破，为海底通信带来了新的发展。与海底电缆相比，海底光缆容量大、保密性高、传输质量优异；与陆上光缆相比，海底光缆投资成本低，建设效率也较高。基于以上优势，海底光缆很快就成为重要的洲际通信手段和国际通信业务的主要承担者。

海底光缆的基本结构

海底光缆是用绝缘外皮层层包裹的光纤束，基本结构为聚乙烯层、聚酯树脂或沥青层、钢绞线层、铝制防水层、聚碳酸酯层、铜管、石蜡、烷烃层、光纤束。这样的结构能够保护光纤，防止海水侵入。但是，海底光缆结构材料不能采用轻金属铝，因为铝和海水发生化学反应会使光纤的损耗变大。

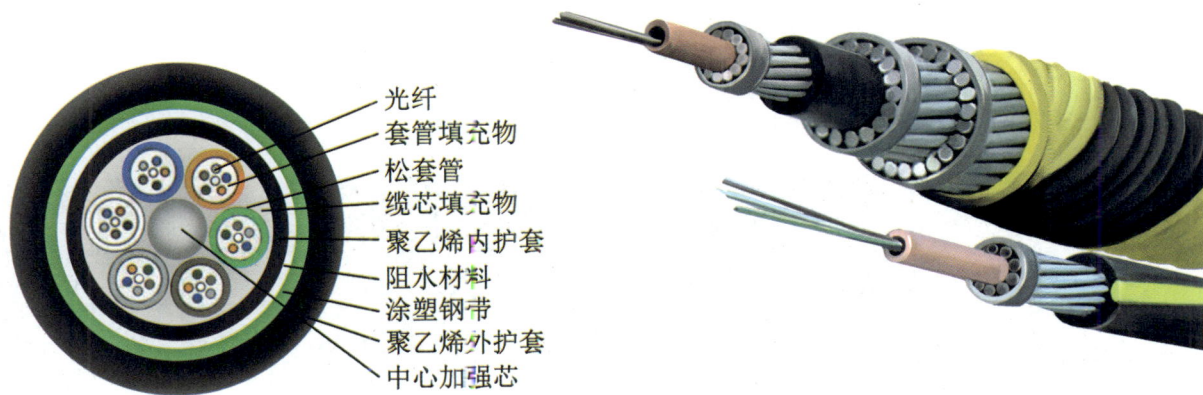

光纤
套管填充物
松套管
缆芯填充物
聚乙烯内护套
阻水材料
涂塑钢带
聚乙烯外护套
中心加强芯

复杂的铺设

　　海底光缆铺设时需要从海底表面穿过，不仅要避免损毁光缆，还要避开珊瑚礁、沉船、鱼类栖息地等常见障碍物。如此复杂的工程，需要充足的资金支持。据估算，铺设一条越洋光缆的成本达数亿美元。

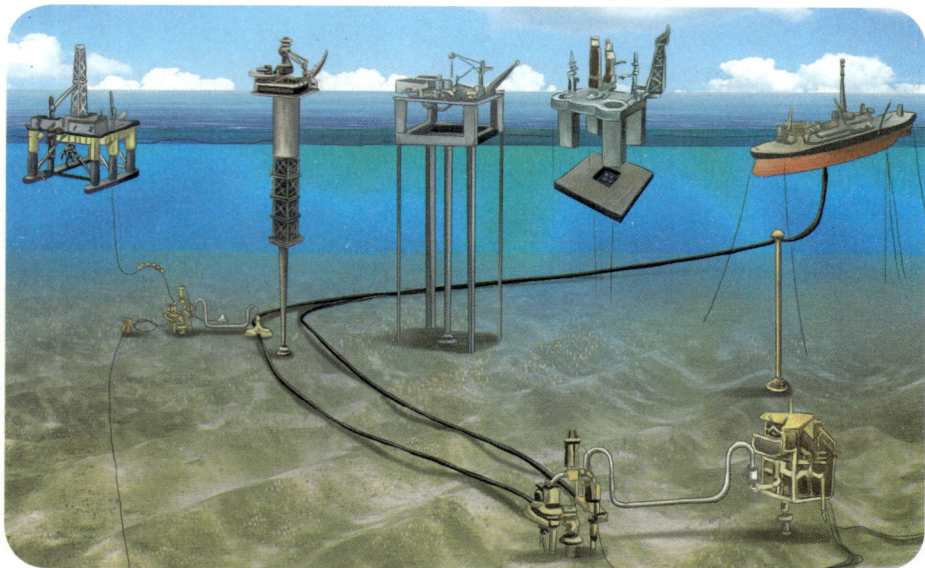

易损的海底光缆

　　海底光缆虽然被铺设在深海，不会受到工程机械的破坏，但是也存在很多威胁。地震、火山爆发等自然灾害经常会导致海底光缆被大规模破坏，鲨鱼也经常对其展开撕咬，船锚、渔船拖网等也经常会将其损毁。2007年，中国台湾南部海域发生的强烈地震就导致中美"亚太一号""亚太二号"海缆和亚欧海缆等多条国际海底通信光缆断裂，使网民无法正常上网。

窃听事件

　　20 世纪 70 年代早期，美国海军在苏联领海找到了苏联在海底的军事通信电缆，并且在电缆上安装了窃听设备，将所有经过电缆的通信信号记录在录音带上。美国海军每月对录音带进行更换，并且将录满通信内容的录音带送到国家安全局进行详细分析。美军的这一秘密行动被称为"常春藤之铃"行动。

光缆窃听试验

　　20 世纪 90 年代中期，美国特工人员乘坐特制的间谍潜艇潜入深海海底，进行光缆窃听试验。他们找到了目标光缆，并且通过特殊手段将其切开。这次行动并没有被光缆运营商发现，说明美国已经具备了海底光缆的窃听技术。随着科技的进步，美国建造的核动力攻击潜艇"吉米·卡特"号也具备了窃听海底光缆的能力。

回澜·拾贝

　　中美海底光缆　世界著名的国际光缆之一，连接亚洲与北美洲，有 9 个登陆站，全长 3 万多千米，由来自世界不同地区的 23 个电信机构共同出资建造。

　　北极海底光缆计划　加拿大多伦多的一家公司提议铺设一条穿过北极的光缆，将东京和伦敦连接在一起。假如北极冰盖不断消融，加上拥有雄厚的资金，这一计划将成为现实。

　　水下机器人　水下机器人利用自身的高压水枪装置在海底淤泥中"挖掘"出沟渠，将修复好的海底光缆放进去，为修复海底电缆提供了重要帮助。

乘车渡海——海底隧道

　　海底隧道是为了解决横跨海峡、海湾之间的交通，在不妨碍船舶航运的条件下，建造在海底之下供人员及车辆通行的海洋建筑物。世界上有很多著名的海底隧道，主要分布在日本、美国、西欧、中国香港等国家或地区。

世界上第一条海底隧道

　　日本在本州青森与北海道函馆之间修建的青函海底隧道是世界上第一条海底隧道。这条海底隧道于 1964 年动工修建，并于 1988 年 3 月正式通车。青函隧道横跨津轻海峡，海底部分长 23.30 千米，全长 53.85 千米，是世界上最长的海底隧道。隧道里建设有电气化列车，人们只需要 30 分钟就可以搭乘电车从青森到达函馆，而乘坐渡轮则需要 4 个小时。由此可见，青函隧道为人们的生活带来了便利。

为什么修建工程耗时那么久

　　津轻海峡地区海底地形非常复杂，分布着很多海盆和海谷，存在因火山岩压力造成塌方事故的危险。为了防止这种情况的发生，修建人员必须采取非常复杂的保护措施才能确保修建工作安全进行。不仅如此，施工队伍还要应对高温度和高湿度的双重影响，条件十分艰苦。这些因素综合在一起，使修建工程非常缓慢，工期长达 24 年。

海底部分最长的隧道

　　1994 年，英吉利海峡底部连接英伦三岛和法国的英吉利海峡隧道开通运营，为英法两国之间的交通带来巨大的便利。英吉利海峡隧道也被称为"英法海底隧道""欧洲隧道"，由 3 条平行隧洞组成，每条隧洞平均长约 51 千米，海底部分长约 38 千米，是世界第二长的海底隧道，也是世界上海底段最长的铁路隧道。

欧洲之星

　　"欧洲之星"是行驶在英吉利海峡隧道上的高速列车。它连接英国伦敦、法国巴黎与里尔以及比利时布鲁塞尔等重要城市，交通意义非常重大。"欧洲之星"与英吉利海峡隧道共同成长，在英法海底隧道建成后，第一班"欧洲之星"就投入正式运营。随着科技的进步，现在的"欧洲之星"时速可达 300 千米，从伦敦到巴黎只需要短短的 2 小时 15 分钟，使人们能够方便地进行跨国旅行。

中国香港第一条海底隧道

　　红磡海底隧道是香港第一条海底隧道，于 1968 年兴建，1972 年通车运行。这条海底隧道全长约为 1.86 千米，横跨维多利亚港，沟通九龙半岛和香港岛，南端出口位于香港东区的奇力岛，北端出口位于红磡以西。

维多利亚港

　　红磡海底隧道上的维多利亚港简称"维港"，位于中国香港特别行政区的香港岛和九龙半岛之间，面积约为 41.88 平方千米。维多利亚港水域宽阔，风景宜人，是一个优良的天然海港。海港两岸修建有时尚的住宅、酒店、办公楼，海港内有多个避风塘和多种多样的海上观光船，吸引了来自世界各地的游客。

大陆第一条海底隧道

翔安海底隧道是中国大陆第一条自主设计、建造的海底隧道，于 2005 年兴建，2010 年通车运行。翔安海底隧道贯通厦门和翔安，全长为 8.695 千米，海底部分长约 4.2 千米，采用 3 孔隧道方案，两侧隧洞供车辆通行，中间隧洞负责提供服务。翔安海底隧道为人们的通行带来非常大的便利，使人们可以在 15 分钟内从厦门抵达翔安。

翔安海底隧道先进的消防系统

翔安海底隧道不同于普通的隧道，不仅光线好，还装有先进的消防系统，洞内有很多消防设施、管线、监控探头等。隧道内设置了 3374 个消防喷头和 17 个应急通道，采用了泡沫—水喷雾联用灭火系统、消火栓系统及火灾报警系统。一旦发生火灾，消防系统将迅速对其进行处理。

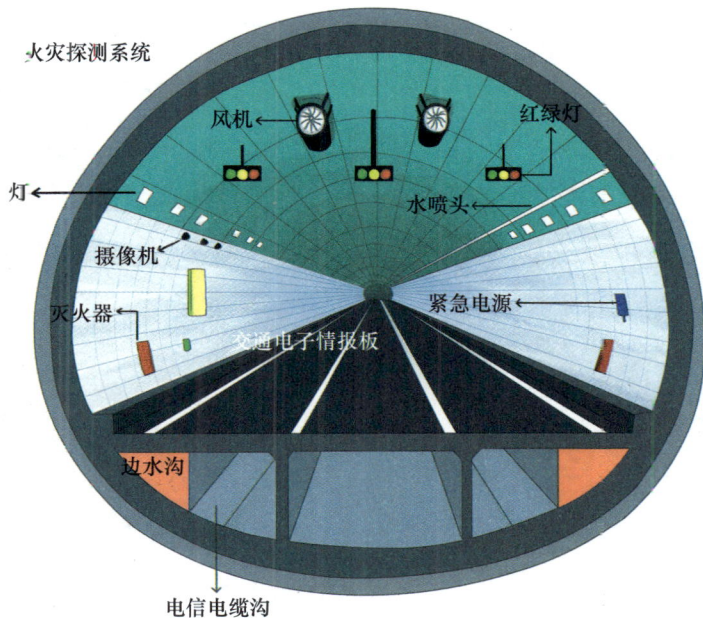

火灾探测系统　风机　红绿灯　灯　水喷头　摄像机　紧急电源　灭火器　交通电子情报板　边水沟　电信电缆沟

胶州湾海底隧道

翔安海底隧道建成后，中国又修建了著名的胶州湾海底隧道。胶州湾海底隧道位于青岛，连接青岛与黄岛，隧道全长约为 7.8 千米，海域段长度约为 3.95 千米，是目前国内长度排名第一的海底隧道。

国家的宏伟构想

大连与烟台是中国重要的沿海城市。为了进一步促进两地的经济发展，中国有关研究部门提出修建渤海湾跨海通道的计划，并且开展了该项目的准备工作。渤海湾跨海通道建成后，将为大连与烟台的发展带来非常大的影响。

回澜·拾贝

造价巨大　英吉利海峡隧道共耗资约 150 亿美元，是目前世界上利用私人资本建造的规模最大的工程项目。

白令海峡海底隧道　白令海峡海底隧道贯穿白令海峡海底，隧道工程包括一条高速铁路、一条高速公路、多条输油管道、电缆和光缆，为俄罗斯西伯利亚和美国阿拉斯加的沟通交流提供了巨大便利。

海底龙宫——海洋空间站

海洋空间站是科学家们设计的用来进行海洋科学考察的工作站。它们就像被搬到大海里的可移动实验室，可以让科学家们在里面进行科学研究。中国设计建造的首个深海移动工作站还处于调试阶段，让我们翘首以待。

海洋里的"天宫二号"

为了进一步开展海洋科学探索，中国研究建造了一个功能较完备的深海空间站。这个深海空间站为 35 吨级，在海底工作时间为 12 到 18 小时，内部空间可供 6 人开展研究工作。2013 年，工作站完成总装，并逐步开展水池试验。技术人员将对它进一步改造完善，使之成为高性能的工作站。

法国新型科学考察船

　　法国设计师雅克·鲁热里构想了世界上第一艘新型的海洋科学考察船。根据设计，这艘船高约51米，行驶时大部分船身位于海面以下，只有导航、通信设备、瞭望平台在海面上，远看就像快要沉没的巨轮。这艘船还在设计阶段，建成后将有效解决海洋学家不能在海下长时间停留的问题，进而为海洋生物研究带来帮助。

海洋科学考察船构想图

完美的构想

　　鲁热里计划在考察船水面以下的部分设计一个增压甲板，让潜水员执行日常任务。他还想在船上设计人性化的体育馆，供潜水员锻炼身体，同时还在每个铺位上配置视频播放器，供潜水员休闲娱乐。不仅如此，考察船上还会为潜水员提供多种多样的美食。

回澜·拾贝

　　雅克·鲁热里　法国著名的建筑师，热爱海洋事业，曾设计了"海上中心"、"海上布洛涅"1号和2号、布雷斯特、大阪海上楼阁，还有带"鲁热里"标志的第一所海底房子。

　　海洋空间站　鲁热里计划在全世界设计建造6处"海洋空间站"，并且与中国签订合作备忘录，表示将在中国建造第一处海洋空间站。

水下居住站——海底实验室

海底实验室是一种可以沉放到海底的金属结构物，可以供人们进行海底样品采集、海底观察和拍摄等活动。海底实验室分为固定型和移动型两种。相比较而言，移动型海底实验室更为先进，但目前仍处于试验阶段。

提出设想

20世纪20年代，为了进一步探索海洋，科学家提出建立水下实验室的设想。经过探索和研究，到20世纪60年代，美国"海中人-1号"和法国"大陆架-1号"水下实验室首次在地中海进行试验。由于科技水平的限制，这些水下实验室各方面性能还不够完善，只能固定在水下，通过补给船的起重机吊放于海底。

综合性能改进

第一批水下实验室下水后，人们总结了它们的不足并且进行改进。1977年，苏联建造的"底栖生物-300"号水下实验室下水，成功抵达300多米的深海。相对以前的水下实验室，"底栖生物-300"号水下实验室具备了更优的性能，自持力约为14天，可容纳12名乘员居住。

海底实验室

在美国佛罗里达州拉哥礁海海底，停放着世界上唯一的仍在运作的海底实验室——"宝瓶座"海底实验室。"宝瓶座"被放置在海面下 20 米深处，外观好似一艘潜艇，长约为 14 米，直径约为 4 米，总重量达 81 吨，可容纳 6 人居住。这个海底实验室可以分为 3 个主要部分：海面上的部分负责为海底实验室提供电源、通信、生命保障，中间为实验室主体部分，最下面是起停泊固定作用的底座。

水下生活的困扰

"宝瓶座"实验室承受一定的海水压力，空气密度约是水平面上的 2.5 倍。在里面工作时，人吸入氮的含量会增高，耳膜会感觉到很大的压力，声音会变得奇怪，就连食物的味道也变得淡而无味。尽管条件艰苦，海底实验室还是为科学家们探索海洋带来了希望。

回澜·拾贝

第一个海底实验室　1962 年，法国在地中海建造的"海星站"海底实验室是人类历史上第一个海底实验室。

固定型海底实验室　美国海军的"陀螺"号水下居住站是固定型海底实验室的典型代表，可以沉放到 2000 米左右的海底，供 5 人的科考队持续工作 1 个月。

海底畅想——水下城市

海洋拥有比陆地更加宽广的空间，让人类充满好奇和幻想。如果能建设一座水下城市，不仅可以让人们领略到海洋的奇幻，还可以解决陆地空间和资源不足的问题。对此，各国科学家纷纷展开美妙的构想，设计出水下的酒店，建造了海底餐厅，构想了一座座奇幻的水下城市。

迪拜水下酒店

迪拜曾构想建造一座豪华水下酒店。根据设计，酒店由海下客房、餐厅、剧院、娱乐城构成，由一条特殊的隧道与陆上基地相连，规模非常宏大。酒店内将设置 220 个豪华套房，客人可以在其中享受与鱼共眠的美好体验。此外，酒店的娱乐城和剧院将为客人提供新鲜刺激的娱乐活动。酒店如果建成，将成为与七星级帆船酒店、棕榈岛同级的地标性建筑。

迪拜海底餐厅

迪拜亚特兰蒂斯度假酒店设置了一家别具特色的海底餐厅，客人可以乘坐酒店内的电梯下潜进入水下餐厅。整个餐厅由 10 多米的观景玻璃环绕，客人可以透过观景玻璃看到绚丽的海底景色。餐厅内分为用餐区和酒吧区，由海螺形状的立柱隔开。餐厅内镶嵌着水晶、珠宝等装饰品，吊灯也是由天然珍珠装饰的，精心的设计让整个餐厅看起来像奇幻的海底宫殿。

"海神"水下度假村

"海神"水下度假村建立在南太平洋岛国斐济的一个咸水湖底，是目前第一个海底度假村。度假村占地2000 多万平方米，提供带私人海滩的陆地式公寓、水上公寓、水下公寓。度假村还拥有优雅的海底餐厅和诸多水下娱乐场所。客人可以在海底度假村尽情欣赏珊瑚礁和水下生态景观，体验海底世界的绚丽多彩。

水下博物馆

20 世纪 90 年代，人们发现了沉入地中海底部的亚历山大古城遗迹，并且找到了古城的珍贵文物。为了让公众能够一睹古城风采，科学家计划建造一座包括古城遗迹在内的巨大水下城市作为博物馆。这座水下建筑建成后，会更利于水下文物的保护。

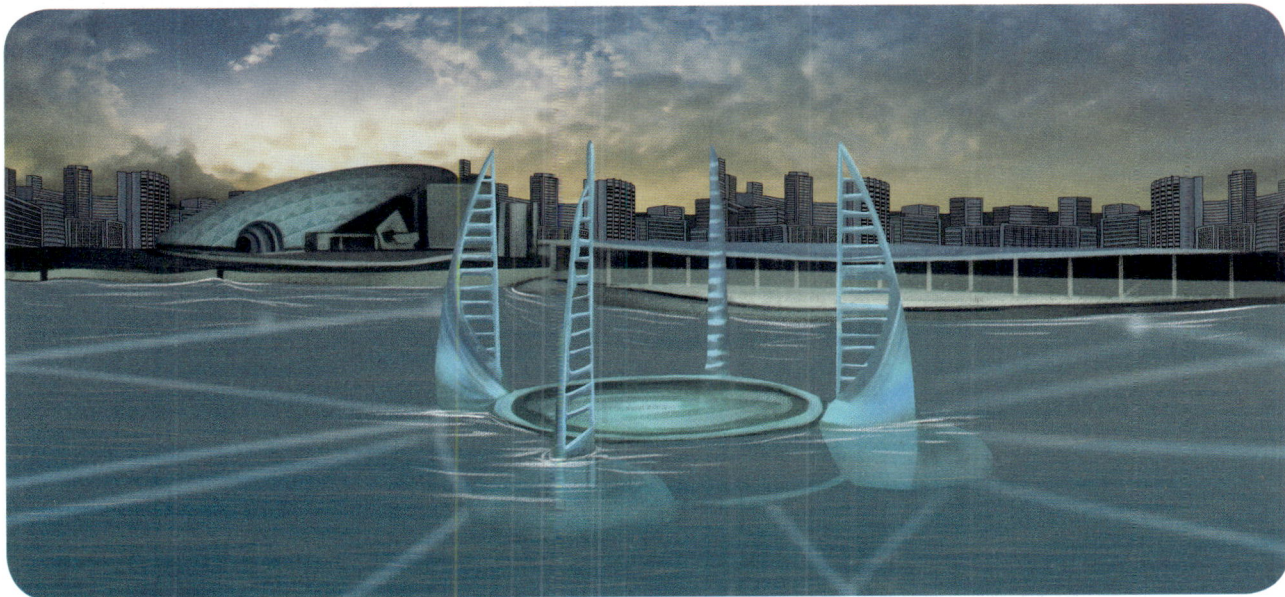

自给自足的城市

"海底生物圈 2 号"是人们构想的一座可以自给自足的水下城市，由 8 个小区域围绕一个大的生物群落区构成。小区域包括工作区、生活区、农场生物群落区，由中央的大生物群落区调控。这座水下城市可以根据需要在海洋上漂流或者潜入深海，能够抵抗飓风和核战争的损害。

环保的海底城市

水下旋转摩天大楼是国外设计师构想的一个沉在海里的巨大浮动平台，平台上建设有研究站、商店、餐厅、公园等必备的设施。设置在水面上的4个巨大的"臂膀"为整座城市提供浮力，也为大型船只提供停靠的港湾。整座城市会采用太阳能、风能、波能等可再生能源作为驱动，是一座节能环保的先进水下城市。

像水母一样的城市

漂亮的水母像一把把透明的伞，伞状边缘长着须一样的触手，可以借助风、浪和海水流动在海洋里自由漂荡。澳大利亚设计师以水母为灵感，构想了像水母一样的海洋城市。这些海洋城是漂荡在海洋里的人造"水母"，每个"水母"都有不同的分工，比如负责制造食物、供海洋考察、为人类提供居住场所等。

海上漂浮城市

马来西亚设计师萨利·阿德雷从旋转城市和水母城市的构想中获取灵感，构想了一座综合二者功能的水下倒立摩天楼。这座水下城市像旋转城一样，主体建筑都位于海洋里，包括居住空间、医院、超市、娱乐场所等，还有像水母一样的触手。这些触手既可以通过漂浮运动收集能量，又可以发光吸引海洋动物群，为整座城市提供能量来源。

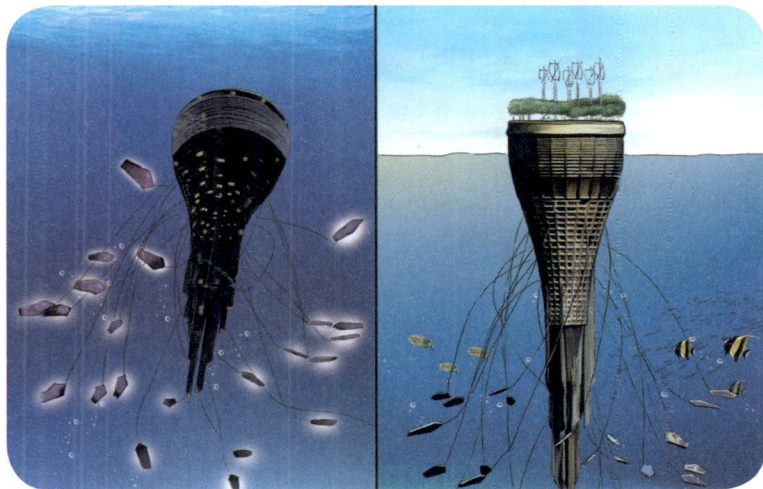

奇特的水下研究室

詹森·梅拉德构想了一种奇特的海洋研究设施，其设计灵感来源于电影《星球大战》。根据构想，这个建筑由树干部分、圆球部分、盘状部分组成，可以采取水上和水下两种运作方式。每个建筑的主要部分是树干部分，里面装备了很多重要的海洋研究设施，包括能量存储设施、引擎设施、控制设施等。除了树干部分，该建筑还有一个巨大的球形部分，里面分为实验室、教室、办公室等。盘状部分则是生活区，供科学家们日常生活所用。

回澜·拾贝

白令海峡大桥　美国和俄罗斯构想建造横跨白令海峡的生态友好型大桥。这座桥是一个能够自给自足的生态系统，可以与海洋生物和谐相处。

阿姆斯特丹的"海洋城市"　阿姆斯特丹为了缓解陆上空间压力，计划在海洋里建造一座城市。这座"漂浮的未来城"可能也会具有水下城市的功能。

图书在版编目（CIP）数据

海底探秘 / 盖广生总主编 .— 青岛：青岛出版社，2016.10（2024.3 重印）
（认识海洋丛书）
ISBN 978-7-5552-4679-4

Ⅰ.①海… Ⅱ.①盖… Ⅲ.①海底 – 普及读物 Ⅳ.① P737.2-49

中国版本图书馆 CIP 数据核字（2016）第 230708 号

海底探秘

HAIDI TANMI

书　　名　**海底探秘**
总 主 编　盖广生
出版发行　青岛出版社（青岛市崂山区海尔路 182 号）
本社网址　http://www.qdpub.com
邮购电话　0532-68068026
策　　划　张化新
责任编辑　张性阳　宋来鹏
美术编辑　张　晓
装帧设计　央美阳光
制　　版　青岛艺鑫制版印刷有限公司
印　　刷　青岛新华印刷有限公司
出版日期　2019 年 4 月第 2 版　2024 年 3 月第 6 次印刷
开　　本　20 开（889 mm×1194 mm）
印　　张　8
字　　数　160 千
图　　数　180 幅
书　　号　ISBN 978-7-5552-4679-4
定　　价　36.00 元

编校印装质量、盗版监督服务电话：4006532017　0532-68068638
本书建议陈列类别：科普／青少年读物